MILITARY DRONES
UNMANNED AERIAL VEHICLES (UAVs)
世界新型作战无人机

[英] 亚历山大·史迪威（Alexander Stilwell） 著

夏国祥 译

上海三联书店

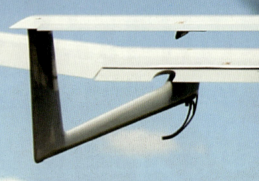

CONTENTS
目录

> 在现代军事领域，军用无人机或无人飞行器是当前发展最为迅速的新兴技术装备之一。随着微处理器和高性能摄影技术的不断发展，民用和军用市场交叉利用彼此的研究成果，使得相关设备的成本不断下降，技术能力不断提升和扩散。

传统无人机

"华约"瓦解后，美国和北约逐渐面临一系列新的安全挑战，尤其在巴尔干地区，因而对无人机监控边界的需求不断增加，而使用无人机又可避免有人驾驶飞机被击落带来的潜在政治难题。美国在此时决定绕过需要执行冗长采购流程的国防部官僚机构，转而通过中央情报局进行无人机采购。

　　从战争出现以来直到现在，军事侦察一直是战地指挥官和战略家们高效指挥作战的重要手段。指挥者对敌人的位置、行动、力量、装备和武器了解得越多，就越容易做出明智的决策。

3 无人战斗机（UCAV）

　　无人战斗机主要由侦察平台发展而来，配备武器之后，其角色开始转变。无人战斗机目前已经成为当代空战领域最重要的新兴装备之一，在 21 世纪的很多地区性冲突中发挥了主导和决定性的作用。

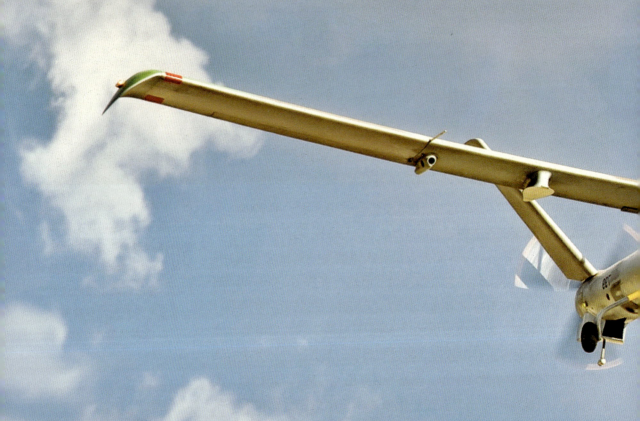

　　垂直起降飞机可以在有限空间（例如没有跑道或海军舰艇甲板的区域）起飞和降落。垂直起降无人机的尺寸比传统有人驾驶直升机更小，被敌方常规雷达探测到的可能性也相对较小。凭借半自主或完全自主驾驶的功能，垂直起降无人机还可以结合智能学习技术来扩展它们的操作性能和能力。

研发中的无人机和无人战斗机

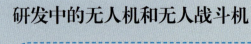

　　21世纪前25年间，无人机数量和性能都在呈指数级增长，这标志着当前空战形式的变革。无人机现在可以以高超音速飞行，并且能够对航空母舰等战略设备造成致命打击。"忠诚僚机"的概念正在迅速发展，有人驾驶战斗机可以将攻击和防御委托给在它们旁边飞行的半自主无人机。无人机概念的革命性程度可能取决于其自主运行的程度，未来，操作员可能仅监督操作，而由无人战斗机完全自主执行任务。

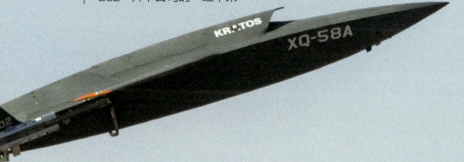

一架英国运营的"保护者"
RG MK 1型（MQ-9B型）无
人机在英国皇家空军沃丁顿
基地接受测试。

INTRODUCTION

绪　论

在现代军事领域，军用无人机（Military Drones）或无人机（Unmanned Aerial Vehicles，UAV）是当前发展最为迅速的新兴技术装备之一。尽管很难对这个迅猛发展的领域进行全面的描述，但本书在内容上涵盖了全球范围内现役或正在研发的重要无人机、无人战斗机（Unmanned Combat aerial vehicles，UCAV）以及垂直起降（Vertical Take-Off and Landing，VTOL）类型的无人机。传统无人机（Legacy UAV）包括多种形态和尺寸类型，作为当代无人机的先驱，它们发展出了许多如今常见的技术和性能。情报、监视和侦察（Intelligence, Surveillance and Reconnaissance，ISR）无人机是无人机应用和开发的最大分支领域之一。这种"天空之眼"可为负责制订战略的指挥官，以及前线士兵和特种部队，提供丰富的情报。无人战斗机很可能是无人机这种技术装备中发展最快、技术最先进的类别。这种无人机不仅可以让己方指挥官识别威胁，还能在必要时对敌方实施外科手术式打击。垂直起降无人机既包括采用传统直升机形式的类型，也包括可以垂直起降然后过渡到以传统固定翼飞行的混合动力形式类型。本书还讨论了当前正在研发的无人机和无人战斗机，其中包括在有人驾驶飞机和无人战斗机（作为忠诚僚机）之间的协同方面所取得的进展，这一令人兴奋的成果将成为未来空军实现力量倍增的重要因素。随着当前无人机技术呈指数级快速增长，这样的未来情景显然并不遥远。

技术进步

20世纪80年代，无人机的战术价值首先被以色列人发现，并随即得到各国广泛的认可，尤其是美国人。自那以来，随着微处理器和高性能摄影技术等新兴技术的不断发展，无人机技术一直在迅猛地发展。微处理器和高性能摄影装置的微型化和成本效益，意味着复杂任务可以由安装在相对较小的飞行器内的小型仪器处理。视频压缩和数字技术化意味着高质量的影像可以立即实时传输给地面操作员，并交由情报人员评估。自 20 世纪 70 年代末以来，全球定位系统（GPS）技术的改进使得无人机能够按照预先编程的路线飞行并返回基地；卫星上行链路解决了无线电链路因大气、地形或敌方干扰而中断的问题，这意味着可以在视线之外的区域成功地控制无人机；摄像技术在民用和军用市场持续发展，通过交叉利用彼此的研究成果，使得相关设备的成本不断下降。无人机技术的扩散意味着较小的公司也开始参与相关国防采购，尽管有时它们会被欣赏其技术专长的大型国防公司所收购。

发动机的发展

　　构成无人机的所有组件当前都得到了发展，包括无人机发动机。无论大型还是小型无人机，都需要既能高效执行长时间飞行任务又具有低声学特征的发动机。例如，对于在隐蔽环境中（无论是在森林还是在城市中）使用小型无人侦察机的特种部队来说，这一点至关重要。罗尔斯 – 罗伊斯和罗塔克斯等老牌公司，以及专注于可再生能源的天能公司（SkyPower）都参与了无人机发动机研发。无论是采用 2 冲程还是 4 冲程，无人机用发动机都必须能够适用军用级燃料。为了最大限度地提高效率、航程和飞行时间，无人机的隐形技术也不断发展，包括能够实现高超音速的飞翼设计。有些项目类型（比如英国航空航天系统公司和曼彻斯特大学的"岩浆"无人机）甚至放弃了用于控制飞行的传统主操作面，以尽量减少机身所受到的摩擦。

　　无人机已经成为当前和未来空战中发展最迅速的现象级存在之一。本书的研究对象涵盖从手动发射、背负携带的小型无人机，到可用作高级战斗机的空军编队系统在内的多种机型，旨在全面介绍当前无人机发展的状况。

在比利时陆军的一间控制室内，相关人员正在操作一架"B-猎人"（B-Hunter）无人机。

1991年海湾战争期间，在"沙漠盾牌"行动中，美国海军陆战队第3遥控飞行器排所操作的一架RQ-2"先锋"无人机在完成任务后返航。当时美国海军和美国陆军也配备了"先锋"无人机。

CY UNMANNED
RIAL VEHICLES

1
传统无人机

本章介绍的是传统类型的无人机。在许多方面，传统无人机已经开始突破既有认知的界限，并且不时在作战中展示出无人机的巨大潜力。

在无人机的发展历程中，经常可以看到雄心壮志在官僚主义和技术限制的墙壁前灰飞烟灭的场面。然而，没有什么能比突发事件更能让研发者们集中他们的注意力，并利用现有资源推动这种系统运转起来的。

黎巴嫩战争

在 20 世纪 80 年代中东危机期间，以色列航空工业公司（IAI）和塔迪兰公司（Tadiran）分别开发出了可用的无人机——"侦察兵"（Scout）和"驯犬"（Mastiff）。在黎巴嫩战争（1982—1985 年）期间，它们证明了自身的价值。"侦察兵"和"驯犬"在识别和监测贝卡谷地的叙利亚地对空导弹（SAM）阵地方面发挥了关键作用，这些阵地可限制以色列空军为以色列国防军提供空中掩护的能力。以色列人当时发起了一场复杂的电子战行动，其中包括让"驯犬"无人机在利比亚的导弹阵地上空飞行，以便让叙利亚雷达锁定这些无人机。

然后，这些"驯犬"将信号传输给与它们保持一定距离飞行的"侦察兵"无人机。随后，那些"侦察兵"再将信号转发给离岸飞行的格鲁曼公司（Grumman）制造的 EC-2"鹰眼"（Hawkeye）飞机，而从"鹰眼"得到相关坐标数据的 F-4"鬼怪"（Phantom）喷气式战斗机将向叙利亚防空导弹阵地发射导弹。

装备"侦察兵"和"驯犬"

当叙利亚空军派出米格 -21（MiG-21）和米格 -23（MiG-23）战斗机反击时，"侦察兵"和"驯犬"无人机被派出去评估叙利亚飞机的数量。EC-2"鹰眼"随即引导以色列空军的 F-15"鹰"（Eagle）和 F-16 型战斗机飞向迎面而来的叙利亚战斗机，这种方式最大化利用了叙利亚战斗机在遭受侧面攻击时的弱点。以色列战斗机配备有"麻雀"（Sparrow）和"响尾蛇"（Sidewinder）导弹，几乎无一例外地击溃了"米格"战斗机的防御。这是自第二次世界大战以来最重要的空战之一，西方技术对于苏联技术的压倒性优势震动了克里姆林宫。

然而，在这个案例中，F-15"鹰"战斗机的空中优势很大程度

下图：1982年8月，一架以色列空军的"鬼怪"喷气式战斗机飞越黎巴嫩首都贝鲁特上空。

作为"伊拉克自由"行动的一部分，一架MQ-1"捕食者"无人机，由第15远征侦察中队部署到科威特阿里萨勒姆空军基地。

雷达
无人机前部的球状区域装有重要的有效载荷，包括雷达和卫星通信系统。

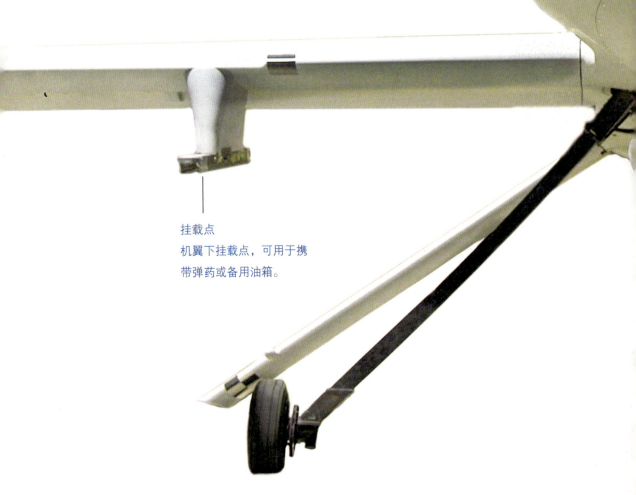

挂载点
机翼下挂载点，可用于携带弹药或备用油箱。

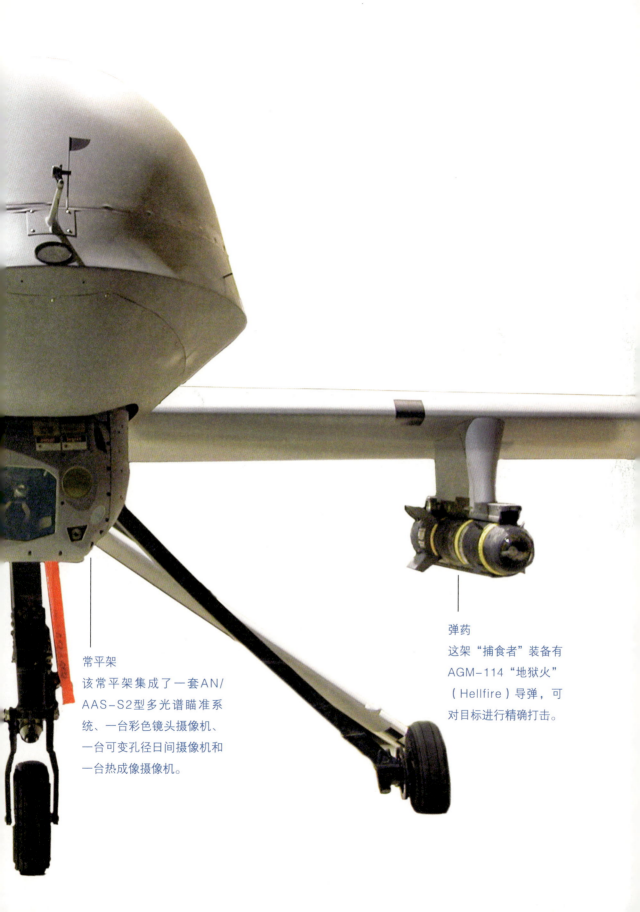

常平架
该常平架集成了一套AN/
AAS-S2型多光谱瞄准系
统、一台彩色镜头摄像机、
一台可变孔径日间摄像机和
一台热成像摄像机。

弹药
这架"捕食者"装备有
AGM-114"地狱火"
（Hellfire）导弹，可
对目标进行精确打击。

在伊拉克塔卡杜姆空军基地，一架在起飞前仍连接在气动发射卡车上的RQ-2B"先锋"无人机。"先锋"可以在一系列行动中承担各种基础性的侦察任务，范围从收集战斗损失评估数据，直到作为前方观察员呼叫空中支援。

上归功于以色列设计的"侦察兵"和"驯犬"无人机的侦察工作。

美国人没有忘记这次经验，他们决定通过购买一种以"侦察兵"为原型的无人机来缩短自己的无人机开发项目进程。他们遂与航空工业集团（AAI）合作开发"先锋"（Pioneer）无人机。事实证明，该种无人机成为了美国陆军、美国海军和美国海军陆战队作战的中流砥柱。

随着"华约"开始瓦解，美国和北约逐渐面临一系列新的安全挑战，尤其是在巴尔干地区，因而对无人机监控边界的需求不断增加，而使用无人机又可避免有人驾驶飞机被击落带来的潜在政治难题。

美国在此时决定绕过需要执行冗长采购流程的国防部的官僚机构，转而通过中央情报局进行无人机采购。

这导致通用原子公司（General Atomics）和后被前者收购的领先系统集团公司（Leading Systems）开发出"蚊蚋"（Gnat）无人机，进而导致"捕食者"（Predator）无人机的诞生。

RQ-2 "先锋"

众所周知的"先锋"是一款突破性的无人机，最初为美国海军开发，后来成为美国海军陆战队和美国陆军的宝贵资产。美国在20世纪80年代（包括在加拿大、黎巴嫩和利比亚实施）的军事行动凸显出对于具有简单功能的无人机的需求，这类无人机可以为进入特定区域的军队指挥官提供超视距瞄准、侦察和战损评估（BDA）支持。最初，在1986年，"先锋"无人机被部署到重新开始服役的"爱荷华"级战列舰"威斯康星"号上。事实证明，"先锋"无人机是执行射击观测任务的理想选择。次年，美国海军陆战队开始装备"先锋"，1990年美国陆军也开始配备这种无人机。

伊拉克战争的宝贵资产

1991年伊拉克入侵科威特后发生了针对伊拉克的海湾战争。在此期间，对于美军的所有三个军种分支来说，无人机都是一种宝

RQ-2 "先锋" 规格

重量： 118.69千克（416磅）

尺寸： 长度4米（13英尺）；翼展5.2米（17英尺）；高度1.1米（3.6英尺）

发动机： 萨克斯公司SF-350型汽油发动机

航程： 185千米（100海里）

实用升限： 4500米（15000英尺）

速度： 165千米/小时（124英里/小时）

武器： 不详

原产地： 美国

制造商： 航空工业集团公司

运营方： 美国海军、美国海军陆战队、美国陆军

首飞： 1986年

贵的资产。事实证明，伊拉克战场是一个理想的舞台，"先锋"无人机在其中很好地展示出自身的品质。冲突期间，"先锋"无人机先后执行300多次任务，其中包括成功拦截威胁美国舰队的伊拉克快速巡逻艇。不过，这种飞机也发生过多种事故，遭受过一些损失，其中包括因敌方行动和相撞造成的损失。虽然"金主"抱怨成本不断上升，但军事指挥官对于这种无人机的态度却积极得多。对他们来说，"先锋"已经证明了自己的价值，损失一架无人机的成本比损失一架全尺寸有人侦察机要低廉得多；更重要的是，无人机不会导致任何美国人丧生。"先锋"配备推进式螺旋桨、双尾翼撑和方向舵，以及由葛树木支撑、玻璃纤维制成的直翼。机身、翼撑、尾梁和起落架支柱均由铝制成。"先锋"可以借助用后即可丢弃的机载火箭发射出去，也可以依靠弹射器完成发射，回收则需要借助一种拦网系统，或利用一种通过尾钩实现拾取的阻拦索。"先锋"可以拆解为几个组成部分，存放在集装箱中。该型飞机可由地面控制站（GCS）的两名操作员控制，也可由预先编程的自动驾驶仪控制，

史密森学会国家航空航天博物馆收藏的一架"先锋"RQ-2A无人机（库存编号：A20000794000）。它正是1991年2月23日"威斯康星"号所配备的那架无人机。

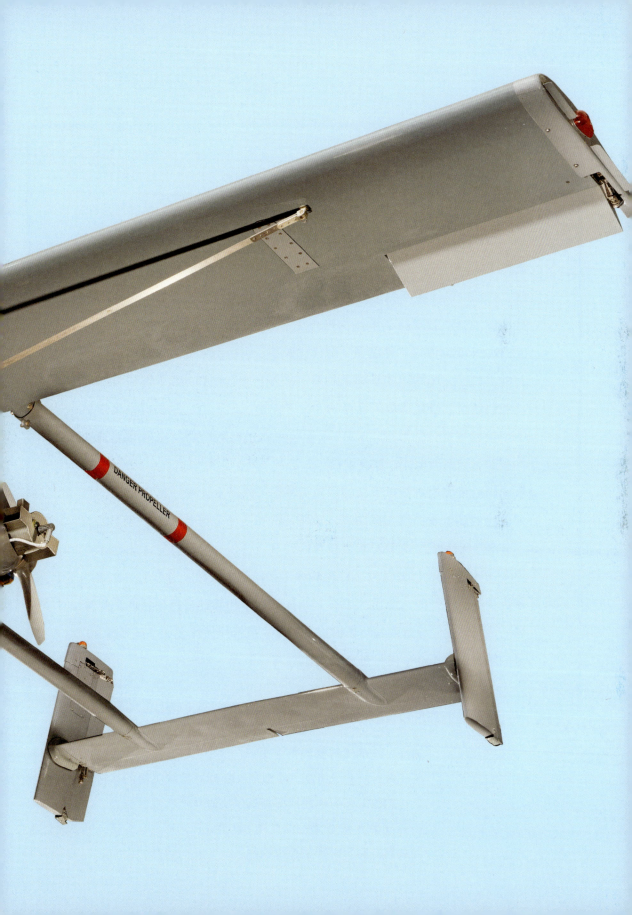

别开炮了!

　　"依阿华"级战列舰"密苏里"号和"威斯康星"号是在 1943 年最初下水的,专为对日作战而设计制造,用于对抗当时日本的快速战列舰。它们的设计师不会想到这些船只在大约半个世纪后会卷入一场高科技冲突。这两艘舰船在第二次世界大战结束后本来已经退役,20 世纪 80 年代末重新服役,并接受了现代化改造,包括在原有的 406 毫米(16 英寸)口径火炮炮组的基础上加装"战斧"(Tomahawk)巡航导弹。"威斯康星"号还搭载了 8 架 RQ-2 "先锋"无人机,用于提供火炮射击定位和战损评估数据。1991 年伊拉克入侵科威特后,这两艘战列舰都被部署到海湾地区,是首批投入作战的战舰。2 月 23 日,"密苏里"号向科威特城近海费拉卡岛的伊拉克军队阵地开火。在"威斯康星"号为自己的姊妹舰提供支援期间,该舰还向费拉卡岛区域派出一架 RQ-2 "先锋"无人机。这架无人机故意低空飞行,以向伊拉克守军表明,有更多的 406 毫米(16 英寸)口径炮弹将射向这个区域。当这架"先锋"接近伊拉克阵地时,那里的士兵开始挥舞白旗和其他白色材料向美军投降。该消息由"威斯康星"号甲板上的无人机操作员传递给"威斯康星"号的舰长。这是战争史上第一次有士兵向一架无人机投降。

遵循一定的飞行路线自主飞行。该型飞机还可以通过便携式控制系统(PCS)进行控制,使地面士兵能够控制飞机的运行。远程接收站(RRS)可为地面指挥官提供实时显示的视频影像。"先锋"配备有安装在常平架上的光电/红外(EO/IR)传感器,可以通过视距数据链路实时转发模拟视频。

"蚊蚋"–750

　　"蚊蚋"–750（Gnat–750）本来是领先系统公司一个名为"琥珀"（Amber）的开发项目。领先系统公司后来被通用原子公司收购，该项目继续实施，重新命名为"'蚊蚋'式750型1级"。在这个阶段，"蚊蚋"没有安装卫星上行链路天线，因此无人机依靠 RG–8 型动力滑翔机将信号转发回地面站。"蚊蚋"–750 配备前视红外系统（FLIR）以及日光和微光摄像机。这种无人机还可以配备 GPS 式导航系统，以执行完全自主的任务。"蚊蚋"–750 由罗塔克斯 –912（Rotax–912）型活塞发动机提供动力，带有倾斜机头的加长机身上设有平直机翼，尾翼向下倾斜。

　　"蚊蚋"–750 在越战以后的美国无人机项目的研发中具有重要意义，构成当前仍在飞行的美国无人机的关键基础。为绕开美国国防部的官僚机构，这种飞机是通过中央情报局采购的，曾被部署到南斯拉夫，监视在那里实施的维和行动。在那里，它们展示出自身的潜力和局限性。吸取的经验教训催生了改进型"蚊蚋"的生产，

"蚊蚋"–750规格

重量： 254千克（560磅）

尺寸： 长度5米（16英尺5英寸）；翼展10.77米（35英尺4英寸）

发动机： 罗塔克斯–912型活塞发动机

飞行时间： 48小时

实用升限： 7620米（25000英尺）

速度： 193千米/小时（120英里/小时）

武器： 不详

原产地： 美国

制造商： 通用原子航空系统公司

运营方： 美国中央情报局（CIA）

首飞： 1989年

正在检修中的"蚊蚋"-750无人机。

一名美国海军陆战队队员正在发射RQ-14"龙眼"无人机，以对补给线进行侦察。"龙眼"无人机可以轻松地放在背包中携带，并且可以由单兵部署，为班级单位提供侦察能力。

RQ–14型"龙眼"无人机准备发射中。

特种部队打击任务

特种部队通常始终处于新技术开发的最前沿，并一贯坚持要为自己配备最高标准的无人机系统。美国"海豹"突击队在这类装备开发初期就曾使用过"指针"等小型无人机执行及时打击任务，以及用于其他目的。这些系统没隔多久就被更先进的无人机所取代，以满足"海豹"突击队的苛刻任务要求。2003年，"海豹"3队在"伊拉克自由"行动中使用并证明了"指针"无人机的价值。这种机型没隔多久就被"渡鸦""美洲狮"和"扫描鹰"（ScanEagle）等无人机取代，这些无人机的情况我们将在第2章中予以讨论。海豹突击队还制定了一份使用无人机的守则，内容涵盖直接行动（DA）、特种侦察（SR）、反恐（CT）和涉外内部防御（FID）行动。

即"I-蚊蚋"，新型号采用涡轮增压发动机，并做了其他一些改进，性能更加可靠和强大。

进一步的改进导致一种带有卫星上行链路的版本出现，这种机型被称为"捕食者"。

RQ-14"龙眼"

"龙眼"（Dragon Eye）是一种小型无人侦察机，由美国海军研究实验室和海军陆战队作战实验室开发，制造商为航空环境公司（Aero Vironment）。"龙眼"项目的目的是提供一种必要的天空视角的战场评估装备，且该套装备能够装载在一个小型包装箱内，

RQ-14 "龙眼" 规格

重量：4.7千克（5.9磅）

尺寸：长度0.91米（3英尺）；翼展1.14米（5.75英尺）

发动机：电动机

航程：5千米（3.1英里）

实用升限：91～152米（300～500英尺）

速度：64千米/小时（40英里/小时）

武器：不详

原产地：美国

制造商：航空环境公司

运营方：美国海军陆战队

首飞：2001年

由单兵轻松操作。"龙眼"重量轻，易于组装，可以放在背包中携带，并用徒手发射。一旦升空，"龙眼"将在航向点导航系统控制下飞行，而该系统可以由操作员预先编程。这套系统可与一套集成的全球定位系统（GPS）和惯性导航系统配合使用。

"龙眼"无人机配有矩形机翼，每片机翼下方都有一副螺旋桨。这种机型没有水平尾翼，也没有起落架。该型飞行器被设计为在发生坠毁时以安全方式解体，以确保机上电子设备不会被敌对方所窃取。每架该型飞行器由一台坚固耐用的笔记本电脑控制。

美国海军陆战队是在2003年入侵伊拉克期间配备了RQ-14"龙眼"，但没经过太久，这种机型就被更先进的RQ-11B"渡鸦"（Raven）取代了。

FQM-151 "指针"

FQM-151 "指针"（Pointer）由美国陆军、美国海军陆战队和

2019年在黑海巡逻期间，美国海军特种部队所属作战艇的艇员正在发射一架FQM-151"指针"无人机。

RQ-5"猎人"是一款成功的早期无人侦察机，曾被部署到马其顿，对驻扎在科索沃地区的北约部队进行支援。"猎人"无人机的运作以中继方式进行，行动时需有两架无人机在空中飞行。

塔迪兰公司的"驯犬"是第一款现代军事监视无人机，该种机型在1982—1983年间的黎巴嫩战争中发挥过重要作用，它们在战争期间为以色列军队提供了高分辨率的战场影像。

FQM-151 "指针" 规格

重量：4千克（9磅）

尺寸：长度1.83米（6英尺）；翼展2.74米（9英尺）

发动机：电动机

飞行时间：1小时

实用升限：300米（1000英尺）

速度：73千米/小时（46英里/小时）

武器：不详

原产地：美国

制造商：航空环境公司

运营方：美国陆军、美国海军陆战队、美国海军特种作战部队

首飞：1988年

海军特种部队联合开发，是一款专为战场侦察而设计的小型无人机。"指针"由高强度凯夫拉纤维制成，是一种固定翼飞行器，机翼位于机身上方的吊架上，电动发动机和推进螺旋桨位于机翼后面。"指针"的机头上装有一台电荷耦合元件（CCD）相机。顾名思义，这种飞行器需要像指针一样直指军方感兴趣的区域，收集该区域的相关影像。这些影像将通过无线电或光纤链路传送给操作员，然后保存在录像带上，这样就可以在随后以不同的速度回放影像。这种无人机和控制站可以分别装在两个单独的背包中携带。

1991年"沙漠风暴"行动中，美国陆军和海军陆战队装备过"指针"无人机，此外，2003年"伊拉克自由"行动开始时，美国海军"海豹"3队操作员也使用过这种机型。测试表明，"指针"可以从潜艇甲板上实现成功发射。没过多久，"指针"被航空环境公司的RQ-11"渡鸦"和RQ-20"美洲狮"（Puma）所取代。可以说，"指针"是这两款成功的无人机研发的一个重要发展阶段。2022年，美国陆军再次订购了RQ-20"美洲狮"无人机。

RQ-5"猎人"

RQ-5"猎人"（Hunter）在无人机的发展过程中扮演了重要角色，并且是美国陆军首批投入实际作战的无人机之一。"猎人"在 1996 年问世，是一种大型无人飞行器，特点是在机身两头分别配有一台发动机：一台以推动方式驱动螺旋桨，另一台以拉动方式驱动螺旋桨。这种机型采用固定的主机翼，在延伸出机身之外的翼撑上配有一对尾翼。MQ-5B 型版本配备了先进的航空电子设备，在机翼下方有用于携带弹药的加固挂载点。电子设备套装包括一套集成的全球定位系统（GPS）、前视红外仪（FLIR）、一台激光指示器、甚高频 / 超高频通信和电子对抗装备。

一套"猎人"无人机系统包括三个地面控制站、六架"猎人"飞行器和六套光电 / 红外日用或夜用传感设备套件。"猎人"系统按设计可执行实时图像情报、炮兵前方观察、战损评估、侦察监视、目标捕获和战场观察等任务。"猎人"能够成对出击作战，在这种

MQ-5B"猎人"规格

重量：725千克（1600磅）

尺寸：长度7.1米（23英尺）；翼展8.84米（29英尺）；高度1.7米（5.6英尺）

发动机：两台梅赛德斯公司的HFE型柴油3缸发动机

航程：260千米（162英里）

实用升限：4572米（15000英尺）

速度：204千米/小时（127英里/小时）

武器：GBU 44/B"蝰蛇打击"弹药

原产地：以色列/美国

制造商：诺斯罗普·格鲁曼公司

运营方：美国陆军、比利时武装部队、法国武装部队

首飞：1996年

情况下，两架飞机可以在飞行状态中通过 C 波段视距数据链实现中继通信。

"猎人"的部署情况

1999 年，"猎人"无人机系统曾被部署到马其顿和科索沃，为"联盟力量"行动提供支持。尽管当时有一架"猎人"被南斯拉夫军队所击落，但该系统还是在巴尔干半岛的崇山峻岭间证明了自身的价值。2003 年，"猎人"被部署出去支援"伊拉克自由"行动，其间共飞行了 600 多架次，执行侦察、监视和目标搜索任务。2006 年，比利时武装部队也装备了"猎人"来对驻刚果的欧盟军（EUFOR）实施支援。

2007 年，驻伊拉克美军的一架"猎人"无人机投下一颗激光制导炸弹。这是美国陆军首次使用无人机执行武装作战任务。"猎人"无人机系统还在阿富汗部署过，在该国险峻的地理环境中，该种无人机为美军提供了众多宝贵的情报。

尽管翼展加倍的"猎人"加长版后来已经开发出来，但当时美国武装部队已经开始考虑采用其他类型的无人机系统，例如 RQ-1C"灰鹰"（Gray Eagle）。然而，毫无疑问的是，在理解无人空中系统价值及其未来潜力方面，"猎人"做出了开创性的贡献。

塔迪兰公司的"驯犬"

塔迪兰公司的"驯犬"是最重要的现代军用无人机之一，这种机型与以色列航空工业公司无人机分公司（IAI Malat）制造的"侦察兵"（Scout）一起，在推动无人机技术和战术的发展过程中扮演了重要角色。这种无人机采用一种简单而坚固的设计，包括一副矩形机身，用于安装必要的航空电子设备和任务设备，机身后部配备了后置推进式螺旋桨，以及位于两根翼撑末端的双垂直水平尾翼。该机型搭载有一台摄像机，能够向操作员发送高分辨率视频影像。"驯犬"总共生产了三种变型。

"侦察兵"

　　"侦察兵"开发于20世纪70年代,经常被以色列国防军(IDF)和以色列空军(IAF)用于执行各种作战任务。1982年黎巴嫩战争期间,"侦察兵"被部署出去,用于识别叙利亚地对空导弹阵地。在1983年派驻黎巴嫩期间,美军对"侦察兵"及其性能产生兴趣,随后,美国和以色列联合领导一个项目,研发了"先锋"无人机,该系统后为美国陆军和海军陆战队装备使用。"侦察兵"的设计,包括机身后部的推进式螺旋桨和双翼撑水平尾翼,成为未来无人机[如"搜索者"(Searcher)]的一种模板。

"侦察兵"规格

重量:96千克(211磅)

尺寸:长度3.68米(12英尺1英寸);翼展4.96米(16英尺3英寸)

发动机:16千瓦活塞发动机

飞行时间:7小时30分钟

实用升限:4600米(15000英尺)

速度:176千米/小时(109英里/小时)

武器:不详

原产地:以色列

制造商:以色列航空工业公司无人机分公司

运营方:以色列国防军(IDF)

首飞:20世纪70年代

与塔迪兰公司的"驯犬"一起，以色列航空工业公司的"侦察兵"无人机将无人侦察机打造成了现代战场上的重要装备。

2005年6月，美国海军配备的第二架
RQ-4A "全球鹰" 无人机进行了前往
加利福尼亚州爱德华兹空军基地的首
飞。这张照片为该机在途中的留影。

2 情报、监视和
无人侦察机

从战争出现以来直到现在，军事侦察一直是战地指挥官和战略家们高效指挥作战的重要手段。指挥者对敌人的位置、行动、力量、装备和武器了解得越多，就越容易做出明智的决策。最早的有效空中侦察可能出现在第一次世界大战期间，在战事陷入僵持的战场上，指挥官们迫切想要获取敌方的部署细节信息。当时，前线观察官（FOO）的状况很危险，他们是敌方狙击手的优先射击目标，而且，获取有用信息通常需要"登高望远"，这对他们来说也是一大难点。在这种情况下，空中侦察为绘制战场地图和发现潜在目标创造了良好的条件。当时，法国航空部队列装的布莱里奥公司（Bleriot）的XI型、莫拉纳-索尼埃公司（Moraine-Saulnier）的侦察机和法曼公司（Farman）MF.11型飞机，德国阿维亚蒂克公司（Aviatik）、鲁姆普勒公司（Rumpter）和陶贝公司（Taube）的飞机，英国皇家飞行军团的"阿夫罗"（Avro）504型、BE2型和RE8型等飞机上，都安装有朝向下方的照相机。英国人曾开发出"沃森"（Watson）航空相机，可以进行重叠摄影。当美国参战后，他们贡献了新技术，例如三镜头相机。对于当时的军事指挥官来说，飞机空中侦察比在空中缠斗获得的有限优势要重要得多。

第二次世界大战期间，空中侦察继续为军方提供重要信息。英国皇家空军摄影侦察开发部队使用超级马林公司（Supermarine）的"喷火"（Spitfire）PR.XIX型和德·哈维兰公司（de Havilland）的"蚊"（Mosquito）式等快速飞机。在此期间，有关方面对飞机和相关设备进行了各种改进和调整，以最大限度地提高侦察机在任务中幸存并带着珍贵胶片返回基地的机会。由于它们经常飞越受到严密保护的区域，因而速度至关重要，PRU型（"photo-reconnaissance unarmed"的首字母缩写，意为"无武装摄影侦察"）的"喷火"战斗机经常被拆除包括武器和无线电在内的所有不必要装备，以减轻重量和提高速度。该种飞机在机翼或机身上安装有下视的F-4照相机。

冷战期间的无人机

　　冷战期间，超级大国都希望尽可能多地了解彼此及其盟友的信息。美国人曾用U-2飞机飞越苏联上空，但随着地对空导弹的发展，这种飞行变得越来越危险。1960年5月1日有一架U-2型飞机被击落后，美国人加快了对替代用无人机的研究。研发类型之一是D-21"标签板"（Tagboard），该种机型能够以超过马赫数为3的速度飞行。D-21无人机被设计为一次性消耗品，会在坠毁前投射出相机吊舱。这种无人机曾发生过一些事故，如未能释放吊舱或

下图：这款经过改进的"格拉菲"相机在第一次世界大战期间被用于空中侦察。事实证明，空中侦察对于战争期间负责情报工作的军官来说至关重要，无论是在作战规划还是损害评估方面。

无人机被人击落。苏联图波列夫实验设计局开发出一款远程无人侦察机,名为图-123"鹰",配有自主飞行系统。这种无人机可用马赫数为 2 的速度在 19800 米(65000 英尺)的高度飞行。与美国的 D-21 一样,按照设计,该种无人机可在坠毁前弹射出所携带的摄像机。

越南战争期间的"闪电虫"

越南战争期间,美国曾运营过瑞恩公司(Ryan)制造的 147 型"闪电虫"(Lightning Bug)小型无人机。随着时间的推移,这些系统逐渐发展出夜间作战版本、信号侦察(SIGINT)变种,以及具备干扰敌方雷达能力的版本。

除越南北方之外,"闪电虫"还飞越过朝鲜上空。

事实证明,越南战争期间进行的侦察部署是当时战争条件下所进行的最大规模的无人机侦察行动。

中东战场上的无人机

在 1973 年针对埃及和叙利亚的"赎罪日战争"期间,以色列人开始尝试使用无人机。到 20 世纪 80 年代初,以色列的塔迪兰公司和以色列航空工业公司已经开发出"驯犬"和"侦察兵"无人机,

它们可利用当时既有的廉价视频技术提供实时监视能力。这是两种最重要的现代侦察和监视无人机。1982—1985 年间的黎巴嫩战争期间，"驯犬"和"侦察兵"无人机为识别叙利亚地对空导弹阵地做出重要贡献，为以色列空军的 F-15 "鹰"式和 F-16 "战隼"式战斗机创造了优势，帮助它们战胜了叙利亚的米格 -21 和米格 -23 战斗机。空中无人侦察机此时已经达到发展的分水岭，并已证明了自身存在的价值。

上图：这款20世纪60年代的 D-2A超音速无人侦察机可以搭载在M-21侦察机或波音公司的B-52"同温层堡垒"（Stratofortress）轰炸机上。这种无人机曾在冷战期间被使用过，但遭遇过几次事故，所属项目在1971年终止。

"北约"部队装备的无人机

加拿大的 CL-289 "蠓蚋"（Midge）是 20 世纪 60 年代至 90 年代间"北约"部队装备的最成功的无人侦察机之一。该型无人机具有导弹形的外观，在发射时需从喷射动力转变为涡轮喷气发动机

动力，可按照预先编程执行任务。回收时，这种无人机会释放出降落伞减慢飞行器的速度，直到其速度慢至可降落到地面的程度，此时安全气囊会进行充气，以减轻着陆时所受到的冲击。在美国和英国，"天鹰"（Aquila）和"凤凰"（Phoenix）等项目都未能最终获得采用。美国人对以色列航空工业公司制造的"侦察兵"的印象非常深刻，后来以色列航空工业公司和美国的航空工业集团实施了一个联合研发项目，研发并生产了"先锋"无人机。在 1991 年海湾战争和 2003 年入侵伊拉克的战事中，"先锋"均获得成功的运用。

反恐战争期间

2001 年 9 月 11 日美国发生恐怖袭击事件后，美军的无人机系统被迅速部署到阿富汗上空，其中包括"捕食者"和"全球鹰"（Global Hawk），尽管后者当时仍处于生产前测试阶段。在阿富汗和后来的伊拉克，随着战事的发展，越来越多的便携式背包型小型无人机得到运用。这类无人机可以很容易地组装并通过手动、弹射器或从移动车辆上实施发射。像"沙漠鹰"（Desert Hawk）或 RQ-11 "渡鸦"这样的无人机，本来是为美国特种作战司令部（US Special Operations Command，USSOCOM）所开发，在这时被用于为小部队提供实时侦察，以避免遭受伏击，或发现简易爆炸装置。

叙利亚内战中的无人机

叙利亚内战从 2011 年开始，并持续到 2022 年。俄罗斯在 2015 年至 2016 年之间大规模参与这场战争，在此期间，他们向叙利亚部署了超过 1700 架无人飞行器。

有国防分析人士曾指出，俄罗斯利用了叙利亚冲突来完善将无人机融入其战斗序列的整合方法。俄罗斯无人机机队主要专注于情报、监视和侦察（ISR）任务，为俄罗斯火炮、多管火箭系统（MLRS）和攻击机提供准确的目标信息。俄罗斯指挥官可以全天候获得实时信息，这增强了他们的决策能力。

对页图：这种瑞恩航空公司的147型遥控飞行器（RPV）名为"闪电虫"，有多种型号，主要在1962年至1975年间的越南战争期间执行空中侦察、监视和信号侦察任务。

1986年11月，法国军队在波斯尼亚和黑塞哥维那发射了一架CL-289无人机。这款侦察和监视无人机由加拿大航空公司开发，加拿大、英国、西德、法国和意大利军队都有装备。

2011年，在阿富汗的一名美军士兵正在发射一架"渡鸦"无人侦察机。这是一种使用极其便捷的无人机，由美国特种作战司令部运营，可为小型作战部队提供必要的侦察能力。

纳戈尔诺－卡拉巴赫冲突期间的无人机

这场冲突始于 1988 年，当时亚美尼亚族群要求将纳戈尔诺－卡拉巴赫自治区从苏联时代划分的阿塞拜疆疆域归属到亚美尼亚，此后，紧张局势突然演变成一场战争。这场战争直到 1998 年才结束。然而，就无人机的应用而言，最重要的是 2020 年 9 月至 11 月之间发生在该地区的短暂战事。尽管亚美尼亚人有效地使用了俄罗斯制造的"海鹰 -10"（Orlan-10）无人侦察机，但阿塞拜疆人部署着类型更广泛的无人机系列，这些无人机协助阿塞拜疆人在天空和陆地战场上占据主导地位。其中包括"赫尔墨斯"（Hermes）900 型、"赫尔墨斯"450 型、"苍鹭"（Heron）、"航空之星"（Aerostar）和"搜索者"无人侦察机。他们还使用了武装无人机，更多详细内容中将在第 3 章予以讨论。使用这些无人机使阿塞拜疆人在情报、监视和侦察（ISR）以及远程打击方面获得显著的优势。这些无人机被整合进一个网络中，该网络中还包括可进行空中打击的有人驾驶飞机和火炮。无人机所提供的精确定位情报，为大量摧毁包括坦克和防空设施在内的亚美尼亚移动和静止资产做出了贡献。随着亚美尼亚防空系统能力的退化，他们对抗无人机袭击的能力也随之下降。这场冲突向世界发出一个预警：谁能更好地运营无人机资产，谁就能占据优势。

最新冲突中的无人机

2022 年最新冲突初期，俄方主要部署无人侦察机（UAV）用于火炮射击定位和瞄准，而乌方则部署大量无人战斗机（UCAV），例如"旗手"（Bayraktar）TB2 型，这方面的情况我们将在第 3 章进行讨论。"海鹰 -10"等俄方情报、侦察和监视（ISR）无人机的应用，大大缩短了从目标识别和炮击任务之间的时间。采用传统的定位方法，从识别目标到射击目标需要 20 到 30 分钟，而无人机则将这一时间缩短到大约 5 分钟。由于情报、监视和无人侦察机的有效性，双方均优先考虑干扰或击落无人机也就不足为奇了。随着战争的持续，越来越多专门用于军事用途的无人机被击毁，双方，尤其是乌方，开始用改装的商用型号替换那些昂贵、专用、技术先进的军事无人机，从而显著降低了成本。由于乌方在资源方面（包括炮弹）相对有限，无人机成为了一种有效的克敌手段，可以使每一枚炮弹都发挥最大效益，从而避免在可能命中或可能不会命中目标的炮击中损失大量炮弹。为了应对这一情况，俄方对乌军用无人机使用雷达干扰，并对商用无人机采取电子措施，以干扰其信号。无人机之间的这场战争，包括种种用于对抗无人机的措施，都将影响未来战争形态的塑造。

通用原子公司的 MQ-1C "灰鹰"

MQ-1C "灰鹰"（Gray Eagle）系 MQ-1 "捕食者"的升级版本，由美国通用原子公司为美国陆军所开发，拥有比之前系统更强的射程、高度和有效载荷。"灰鹰"的设计要点涵盖了各种具有挑战性的军事需求，其中包括持续侦察、监视和目标获取（RSTA）以及

MQ-1C "灰鹰" 规格

重量：不详
尺寸：高2.1米（6英尺11英寸）；翼展17米（28英尺）
发动机：莱康明公司的IDEL-120型重油发动机（HFE）
航程/飞行时间：37.4千米（230英里）/25小时
实用升限：8839米（29000英尺）
速度：309千米/小时（192英里/小时）
武器：AGM-114 "地狱火" 或AIM-92 "毒刺"（Stirger）
原产地：美国
制造商：通用原子航空系统公司
运营方：美国陆军、美国特种部队
首飞：2004 年

2022年8月，哈尔科夫州，几名乌军士兵正在使用商用无人机进行军事训练，为炮兵部队侦测敌军目标。

2017年9月，伊拉克阿萨德空军基地，第10航空团的一架MQ-1C"灰鹰"正准备起飞。

攻击行动。尽管早期版本的"灰鹰"存在可靠性问题，但制造商后来解决了这些问题，并于 2013 年 7 月推出了改进版本的"灰鹰"。这种新型号具有改进的燃油和有效载荷能力，以及改进的莱康明公司（Lycoming）制造的 IDEL-120 型重油发动机（HFE）。按照设计，该种发动机的运行使用喷气燃料或柴油，以符合美国陆军的"战场单一燃料"策略。"灰鹰"还配备有一种自动起飞和着陆系统。

改进型"灰鹰"（IGE）给美国陆军留下深刻的印象，该军随即为自己的情报和特种部队订购了这一型号，目前已开始向属于空降部队的第 160 特种作战航空团（160 SOAR）交付，目标是为两个该部队的下属连各交付 12 架这种飞机。每队 12 架这种飞机均附有一套支持系统，其中包括：6 套通用地面控制系统，9 台地面数据终端机，12 个移动地面控制站，一台地面卫星数据终端机，若干辆轻型机动战术车辆（LMTV）和其他一些地面支援设备，以及一支由 105 名士兵组成的操作和维护连队。

2022 年 6 月，据报道，美国政府正在考虑出售 4 架 MQ-1C 中空长航时（MALE）无人机给乌。这将为乌军提供额外的进攻能力，但也需要对操作员进行大量培训来管理这个复杂的系统。

诺斯罗普·格鲁曼公司的 RQ-4C/RQ-4B "全球鹰"

这种无人、高空、长航时的空中侦察系统是诺斯罗普·格鲁曼公司与瑞安航空航天公司在 20 世纪 90 年代末合作开发的。在 2001 年，该公司从美国国防部获得了一项以较低速度生产的初期合同。2001 年 9 月 11 日在纽约和华盛顿发生恐怖袭击后，使得"全球鹰"在尚未进行全面测试之前就被部署出去，并在阿富汗和伊拉克战争中发挥了重要作用。然而，由于技术故障，有几架飞机遭受损失，这导致了"全球鹰"改进版本的开发，新版本被命名为 RQ-4B。除了各种技术修改和改进之外，RQ-4B 型还具有更大的机头部分和更宽的翼展。这种美国空军飞机由美国空战司令部及其各种侦察中队运营。

RQ-4 "全球鹰" 规格

重量：6781千克（14950磅）

尺寸：长度4.5米（4英尺6英寸）；翼展39.8米（130英尺9英寸）

发动机：罗尔斯-罗伊斯北美公司F137-PR-100型涡轮风扇发动机

航程：22780千米（12300海里）

实用升限：18288米（60000英尺）

速度：574千米/小时（357英里/小时）

武器：不详

原产地：美国

制造商：诺斯罗普·格鲁曼公司

运营方：美国空军、美国海军、北约部队

首飞：1998 年

RQ-4N "全球鹰" 和MQ-4C "特里同"

　　美国海军后来也对这个项目产生兴趣，并要求制造商生产RQ-4N版本，以满足美国海军的广域海上监视（BAMS）需求。该型号所配备的传感器套件包括有源电子扫描阵列（AESA）雷达。由于美国海军需要飞机迅速下降到较低的高度以执行更密集的任务，海军版本还采用了加固的机翼结构。

　　美国空军表示："'全球鹰'的任务是提供一系列情报、监视和侦察（ISR）收集能力，以便在和平时期、紧急情况和战时行动状态下支持全球范围内的联合作战部队。"

　　除了识别潜在威胁以使相关指挥官能够做出明智决策的主要军事任务外，"全球鹰"还可以为民政当局提供重要信息，如预测威胁性天气状况和监测自然灾害。作为北约盟国地面监视（AGS）项目的一部分，北约订购了一款名为RQ-4D "凤凰" 的 "全球鹰" 版本。德国和澳大利亚等个别国家也考虑了这种飞机。德国版本

在这幅RQ-4"全球鹰"的图画中，可以
看到罗尔斯-罗伊斯北美公司生产的F137-
RR-100型涡扇发动机、卫星通信系统以及
包括有源电子扫描阵列雷达和光电红外传感
器在内的有效载荷。

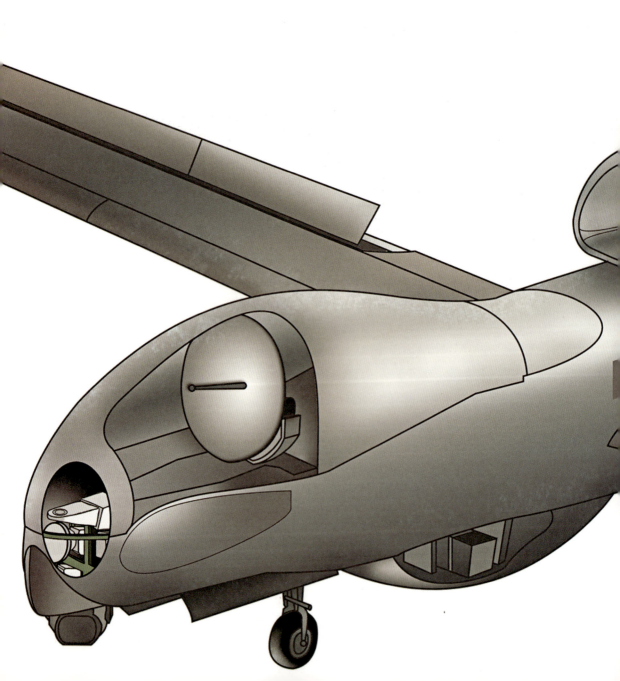

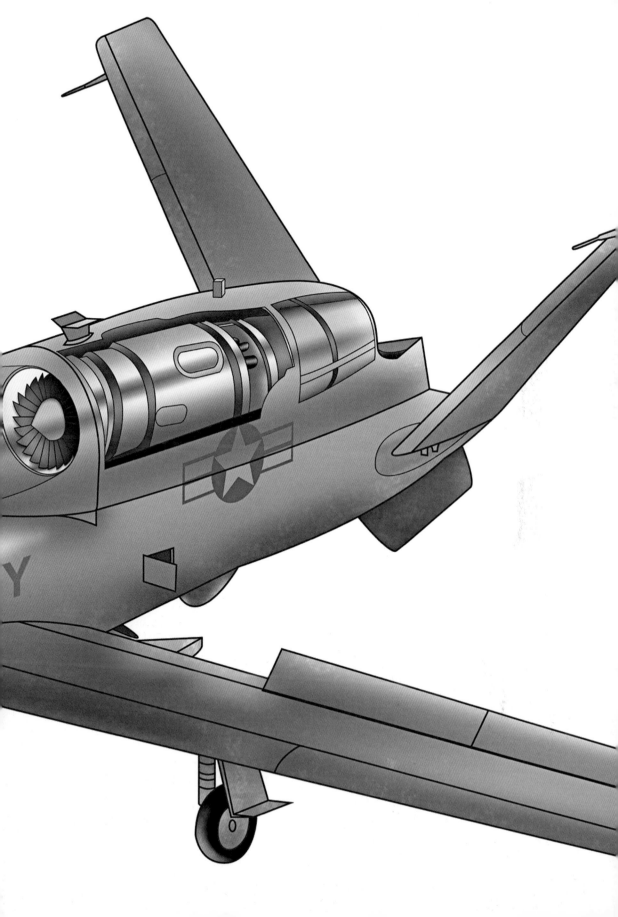

一架MQ-4C"特里同"无人机正在帕图森河海军航空站着陆。MQ-4C"特里同"是专为海上作战设计的，相对于美国空军的"全球鹰"，它具有在较低高度执行侦察任务的能力。

一架美国海军版本的RQ-4 "全球鹰"无人机正在接近帕图森河美国海军航空站。当时,该机正在接受与美国海军舰艇协同进行海上监视的能力评估。

美国海军陆战队队员操作的一架"扫描鹰"无人机已经做好准备，可随时从"超级楔"（Super Wedge）弹射发射系统上发射出去。

是与欧洲航空航天与防务公司（European Aeronautic Defence and Space Company）合作开发的，用于搭载信号侦察设备。但是，由于涉及德国领空的认证问题，该项目遇到了困难，最终被搁置。澳大利亚皇家空军也已订购 MQ-4C 版本的特里同（Triton）。韩国订购了四架"全球鹰" RQ-4B 飞机，而日本计划购买三架这种飞机，其中第一架已于 2022 年 3 月交付。

波音和英西图公司的"扫描鹰"

"扫描鹰"（ScanEagle）是一种小型无人机系统（UAS），具有情报、监视和侦察等功能。由于其长续航性能，"扫描鹰"可以将被观察或拦截的风险降到最低，让相关指挥官对他们感兴趣的区域实施监视。"扫描鹰"能在 4572 米（15000 英尺）的高度上飞行，执行长达 24 小时的任务，这使它们成为任务规划和目标验证的宝贵装备。

"扫描鹰"规格

重量：18千克（9.7磅）

尺寸：长度1.19米（3英尺9英寸）；翼展3.1米（10英尺2英寸）

发动机：3W型二冲程活塞发动机

飞行时间：18小时

实用升限：5950米（19500英尺）

速度：148千米/小时（92英里/小时）

武器：不详

原产地：美国

制造商：波音子公司英西图公司

运营方：美国空军特种部队、美国海军陆战队、澳大利亚皇家海军、英国皇家海军、加拿大国防军

首飞：2002 年

　　"扫描鹰"的长度为 1.19 米（3.9 英尺），翼展为 3.1 米（10.2 英尺），由重油（JP-5 型或 JP-8 型）发动机提供动力。一套"全球鹰"系统由四架飞机（AV）、一个地面控制站、一台远程视频终端机、一套"超级楔"发射系统和一套"天钩"回收系统组成。"扫描鹰"可以从陆地上或舰船上发射，返回时由差分全球定位系统控制的缆绳系留系统实施回收。这种无人机系统配有一座惯性稳定转塔，用于安装 INSTAR NanoSTAR 型合成孔径雷达，塔中还配有一台光电或一台红外稳定摄像机（有些情况下也会两种类型都配备）。在美国空军特种作战司令部、美国海军陆战队、英国皇家海军、澳大利亚皇家海军和加拿大国防军等部队服役期间，"扫描鹰"曾参加过在全球范围内实施的各种应急和作战行动，其中包括 2004 年部署到伊拉克，以及 2011 年利比亚内战期间参加"联合保护者"行动。

下图：一架"扫描鹰"无人机拍摄到那艘被索马里海盗从"马士基·阿拉巴马"号上劫持走的救生艇的实时影像，当时菲利普斯船长被扣在那艘救生艇上当作人质。借助这架"扫描鹰"的侦察，美国军舰得以在"海豹"突击队赶来前适时拦截下那艘救生艇，并成功解救出菲利普斯船长。

2009-04-09 03:59:40　ScanEagle　EO　ID

菲利普斯船长人质事件

2009 年 4 月，美籍丹麦货船"马士基·阿拉巴马"（Maersk Alabama）号从阿曼的塞拉莱出发，经吉布提前往肯尼亚的蒙巴萨，船长为理查德·菲利普斯（Richard Phillips），船员均为美国籍。尽管途经海域曾发生多起海盗事件，不过"马士基·阿拉巴马"号仍选择独自航行。4 月 9 日，有两艘载有索马里海盗的小船接近该船。该船进行了一些反击，包括投放照明弹和消防水龙带，但是，其中一艘海盗小船设法躲过了这些反击，海盗们随即登上"马士基·阿拉巴马"号。

一些船员将自己锁在一个坚固的房间里，但菲利普斯船长被海盗劫持。海盗们意识到他们无法控制这艘已被停机的船，于是乘坐一艘封闭式救生艇逃离，并带走了菲利普斯船长作为人质，希望在到达陆地后获取赎金。当时，美国海军在该地区部署有导弹驱逐舰"班布里奇"（Bainbridge）号和导弹护卫舰"哈利伯顿"（Halyburton）号。"班布里奇"号随舰搭载了一套"扫描鹰"无人机系统，所属无人机遂被派出去搜索那艘救生艇。在这架"扫描鹰"的帮助下，"班布里奇"号上的一个波音全球服务和情报支持、监视和侦察（ISR）团队在印度洋海域成功定位了那艘救生艇。该无人机使用自身的传感器将光电和红外静止图像及视频反馈回军舰，使美国海军的军舰能够对那艘救生艇实施拦截。

"海豹"突击队英勇赴援

当美国军舰接近那艘救生艇时，美国海军和联邦调查局的谈判代表试图与海盗达成一项释放菲利普斯船长的协议。与此同时，美国海军"海豹"突击队"红队"的特种作战研究大队（又称为"海豹"第6队）的狙击手们跳伞抵达"哈利伯顿"号附近海域，随后登上"班布里奇"号。随着与海盗谈判的破裂，紧张局势加剧，狙击手们在"班布里奇"号的舰艉占据位置，并开始瞄准目标。就在菲利普斯船长的生命危在旦夕之际，狙击手们根据所在舰船和救生艇的摇晃程度调整了他们的瞄准镜，并扣动了扳机。那艘救生艇上有3名海盗被击杀，菲利普斯船长获救，而且毫发无伤。这是一次需要最高专业水平的非凡行动，这架"扫描鹰"无人机为行动提供了至关重要的侦察和监视，帮助美国海军最终营救了菲利普斯船长。

波音和英西图公司的 RQ–21A "黑杰克"

RQ–21A "黑杰克"（Blackjack）的公司内部名为 "Integrator"，意为"整合者"。这种小型战术非武装系统（STUAS）是为了满足美国海军的要求而制造的。

双翼撑的 RQ–21A 在设计上属于对"扫描鹰"的完善和强化，采用与"扫描鹰"相同的发射器和回收系统。RQ–21A "黑杰克"装备了经济实惠的装备，能够提供长时间的昼夜情报、监视和侦察（ISR）服务。尽管 RQ–21A 的尺寸不大，但它们能够为相关指挥

2017年4月的某天，一架RQ-21A "黑杰克"（Blackjack）无人机从两栖船坞运输舰"梅萨维德"号（Mesa Verde，LPD19号）的飞行甲板上起飞。这架无人机隶属于第365海军中型倾转旋翼机中队（加强型）。

RQ-21A "黑杰克" 规格

重量：61.2千克（135磅）

尺寸：长度2.5米（8英尺2英寸）；翼展4.7米（15英尺7英寸）

发动机：8马力往复式发动机，配电子控制燃油喷射系统（JP5/JP-8型）

飞行时间：16小时

实用升限：6090千米（20000英尺）

速度：111千米/小时（69英里/小时）

武器：不详

原产地：美国

制造商：波音子公司英西图公司

运营方：美国海军、美国海军陆战队

首飞：2012年

官提供实时重要信息。与"扫描鹰"一样，"黑杰克"也可以从陆地上或舰船上发射出去。"黑杰克"采用开放式架构设计，可以根据任务需求进行适应性调整，以携带各种不同的有效载荷，可能包括一台红外跟踪器、一台激光测距仪、一台日光全动态摄像机、一套通信中继套件、合成孔径雷达／地面移动目标指示器（SAR/GMTI）和信号情报设备。该型机采用模块化的灵活设计，并且具有多任务实施能力。

作为一套系统交付的 RQ-21A，包括五架飞行器、两套地面控制系统，以及发射和回收支持设备。目前美国海军陆战队第 2、第 3 无人机中队（VMU）已装备这种机型。美国海军将该系统用于特种作战，以及反海盗行动和搜救（SAR）等任务。

航空环境公司的 RQ-12A "黄蜂" Ⅳ 型

RQ-12A "黄蜂"（Wasp）小型无人机系统（SUAS）由航空环境公司和美国国防部先进项目研究局（DARPA）为美国空军特

种作战司令部（AFSOC）开发。美国空军特种作战司令部的要求是提供一种具有超视距态势感知能力的设备，供美国空军特种作战司令部指挥的战场飞行员使用。该机型在管理上属于美国空军特种作战司令部的"战场空中目标追踪微型飞行器"（BATMAV）项目。

"黄蜂"是一种轻型微型飞行器，配备了由小型电动装置驱动的双叶螺旋桨发动机。它们搭载有一套惯性导航系统和一套自动驾驶系统，以及两台具有前视和侧视能力的红外摄像机。这种飞机按照事先编订好的程序实施从起飞到着陆的整套自动飞行，也可以借助地面控制器手动进行控制。每套"黄蜂"系统由一架飞行器、一台地面控制器和一个通信地面站构成。整套系统可由一名特种部队的操作员放在背包中携带。

改进后的"黄蜂"AE 型（RQ-12A）比原来的版本具有更强的续航力，并且还具有在陆地和水上作业的能力。该版本目前已经被美国海军陆战队选用。

RQ-11"渡鸦"

RQ-11"渡鸦"（Raven）是最成功、部署最广泛的小型无人机系统（SUA）之一。美国武装部队的各个军种以及世界各地的多支武装部队都有装备。在美国武装部队中，"渡鸦"是小部队远程侦察系统（SURS）的一部分，用于为连级或更小规模的部队提供超视距情报。具体由美国空军根据部队保护机载监视系统（FPASS）计划运营。美国海军陆战队和美国特种部队也装备了这种机型。

"渡鸦"具备在白天或夜晚提供情报、监视、发现目标和侦察的能力。在最新版本的"渡鸦"上，常平架上的摄像机可以在白天和夜间传感器模式之间进行切换。

作为一个系统提供的 RQ-11"渡鸦"，包括三架飞行器、一个地面控制站、一台远程视频终端机、一台万向光电/红外摄像机、一套现场维修套件，以及若干电池和备件。

"渡鸦"可被设置为完全自主模式飞行，该模式下的功能模块包括导航、高度保持、游弋和返回。在一台安装有便携式飞行规划

美军第2步兵师的一名步兵正在徒手发射一架"黄蜂"Ⅲ型无人机的场面，从中可以看出发射这种无人机是多么容易。特种作战部队还会使用"黄蜂"Ⅲ型对重要区域实施侦察。

2018年间，在德国的一次演习中，美国第89宪兵旅的一名宪兵正在发射一架RQ-11"渡鸦"无人机。

美国军舰"先锋"（Spearhead）号联合高速舰（JHSV-1）上，一名水兵正在发射一架RQ-20"美洲狮"小型无人机系统（SUAS）。"美洲狮"配有一种增强型精确导航系统，能够以手动控制或自动模式飞行。

RQ-11"渡鸦"规格

重量：2.1千克（4.8磅）

尺寸：长度0.9米（3英尺）；翼展1.37米（4英尺5英寸）

发动机：直驱电机

航程：10千米（6.2英里）

实用升限：46—152米（150—1000英尺）

速度：41.8千米/小时（26英里/小时）

武器：不详

软件（Portable Flight Planning Software）/"鹰"式视点规划软件（Falcon View Planning Software）的结实笔记本电脑上，操作员可以察看和选择这些功能中的任何一项。"渡鸦"具有广泛的用途，包括部队防护和安全护送，它们也是城区军事行动（MOUT）任务中的有用装备。

"渡鸦"是全球军队中使用最广泛的小型无人机系统之一。驻伊拉克的英国军队、驻阿富汗的丹麦军队都使用过它们。它们也已为荷兰陆军、海军陆战队和特种部队所装备。在俄乌冲突期间，美国也向乌克兰提供了这种无人机。

航空环境公司的 RQ-20 "美洲狮"

"美洲狮"（Puma）是一种小型无人机系统（SUAS），主要用于搜集情报、监视、侦察和捕捉目标（ISRT）。该机型最初系由美国特种作战司令部根据"适应各种环境能力变型"（AECV）项目所采购，后来被美国陆军、美国海军陆战队、美国空军和世界各地的各种军队广泛装备。该型飞机完全防水，可以在陆地或水上发射和回收。

"美洲狮"的长度超过1米（4英尺），翼展超过2米（9英尺），比"渡鸦"无人机系统大得多，但仍然可以由一名操作员手动发射，另一名操作员负责操作地面控制站。航空环境公司的通用地面控制系统可在该公司制造的各种无人机系统之间通用。"美洲狮"填补了"渡鸦"和更大型系统［如"捕食者"和"死神"（Reaper）］之间的类型空白。"美洲狮"无人机可以用控制器手动操作，也可以设置为通过 GPS 式全球定位系统来自动操作。

"美洲狮"的标准监视设备包括一台安装在常平架上、具有稳定功能的光电和红外摄像机。"美洲狮"拥有一种模块化的有效载荷系统，这使得它们能够适应不同的任务要求。这些模块包括一个挂载在机翼下的可选运输舱。

交付的单套"美洲狮"系统包括三架飞行器和两个地面站。"美洲狮"可以在极端温度下运行，并且"美洲狮"AE 型采用加固型机身，这使得该型号在执行部署任务和回收过程中更加不容易遭受损坏。"美洲狮"可借助数字数据库，在操作员视线之外，以图片、声音、视频、数据和文本的形式实施通信。它所配备的 GPS 式导航系统可使"美洲狮"在指定着陆点 25 米（80 英尺）范围以内的区域着陆，着陆时采用深滞空技术，以减小着陆对机身的冲击。

洛克希德·马丁公司的 RQ-170 "哨兵"

RQ-170 型"哨兵"（Sentinel）是一款隐形无人机，由洛克希德·马丁公司臭鼬工厂（高级研发项目部门）开发。"哨兵"的详细信息目前在某种程度上仍然是保密的，因此关于其能力的评估存在一定的猜测。据说，"哨兵"最初是为美国中央情报局（CIA）开发的，但它们由美国空军的地面控制人员和支援人员负责运营。尽管主要设计用于侦察和监视，但人们认为根据任务需求，"哨兵"具备携带武器装备的能力。

"哨兵"由两支部队运营，一支是驻扎在内华达州克里克空军基地的美国空军空战司令部第 432 联队，另一支是以内华达州塔诺潘试验场为基地的第 30 侦察中队。2007 年"哨兵"曾被部署到阿富汗，2009 年又被部署到韩国。

"哨兵"采用飞翼设计，具有隐形飞机的外观。这种无人机配有一台光电红外传感器，传感系统中还可能包括一台有源电子扫描

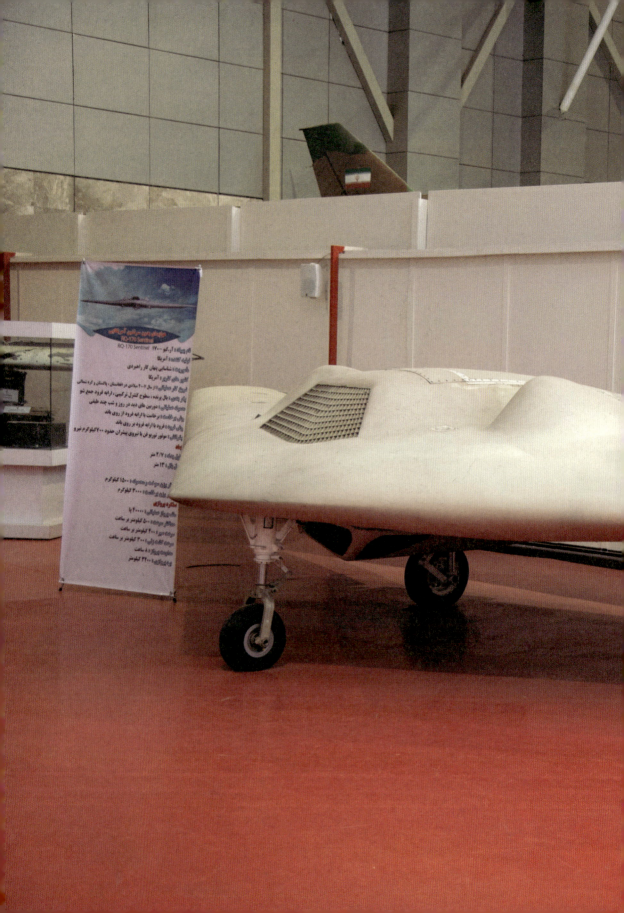

在德黑兰举行的伊朗革命卫队航空展上，展出了一架伊朗缴获的美制RQ-170"哨兵"无人机。这架"哨兵"配备有高灵敏度的通信拦截设备。

RQ-170 "哨兵" 规格

重量：不详

尺寸：长度4.5米（14英尺9英寸）；翼展11.58米（38英尺）

发动机：涡轮风扇发动机

飞行时间：5~6小时

实用升限：15240米（50000英尺）

速度：不详

武器：不详

原产地：美国

制造商：洛克希德·马丁公司

运营方：美国空军

首飞：2007年

阵列（AESA）雷达。考虑到它具有隐形功能，该机能够携带用于通信拦截的高灵敏度设备，以及用于探测核武器设施的高光谱传感器。据信，在对奥萨马·本·拉登的藏身地进行突袭时，美军曾派出一架"哨兵"，它的通信设备用于确保该秘密行动始终保持在巴基斯坦领空内。

洛克希德·马丁公司的"潜行者"

"潜行者"（Stalker）是一种手动发射的无人机，主要用于侦察、监视和目标捕获。由洛克希德·马丁公司臭鼬工厂高级项目部门为美国特种作战司令部研发。

"潜行者"是一种固定翼飞机，在长轴的末端配有一片 T 形尾翼。它由一种弹力绳地面发射系统发射，使用一种位于其底部的滑轨实施着陆。每套"潜行者"系统包括两架飞机、一个指挥和控制地面站、若干燃料电池和一个丙烷燃料存储罐，以及一些相应支持设备。"潜行者"由两名操作员操作和控制。

在这种飞机的腹部装有一台模块化双光电红外低光成像摄像机，这种摄像机具有移动、俯仰和变焦拍摄功能，白天和夜间都可以提供影像。"潜行者"发送回来的信息被一台笔记本电脑地面控制系统所接收，通过这个系统，操作员可以实现对信息和任务的控制。

"潜行者"的改进版本在 2013 年推出，被命名为 XE 型。该型号的特点是在目标区域具有更强的续航能力，并且机身更坚固，可以承担多种任务。

MQ–19 "航空探测"

按照设计，MQ–19 "航空探测"（Aerosonde）是一种能够在各种天气条件下都能执行侦察、监视和数据收集任务的无人机系统，并能兼容陆地或海洋环境，适应白天和夜晚的情况。所装备的任务设备包括全动态摄像机、通信阵列雷达和信号情报设备及其他特定任务设备。

MQ–19 "航空探测" 规格

重量：86.4千克（80磅）

尺寸：翼展3.7米（12英尺）

发动机：莱康明公司EL–005型重油发动机

飞行时间：14小时以上

实用升限：14572米（15000英尺）

速度：83～120千米/小时（45～65节）

武器：不详

原产地：美国

制造商：航空工业集团航空探测公司

运营方：美国特种作战司令部、美国陆军

首飞：2021年

在加利福尼亚州进行的一次训练演习中，美国海军陆战队第3师第1营的一名队员正在准备发射一架"潜行者"XE25无人机。美国海军陆战队和美国特种作战司令部均装备有"潜行者"无人机。

一架MQ-19"航空探测"小型无人机系统（SUAS）正在从美国军舰"冈斯顿·霍尔"（Gunston Hall）号上发射出去。

MQ-19 的机身后部装有一台莱康明公司制造、配有两叶推进式螺旋桨的 EL-005 型重油发动机。该机型采用平直机翼，水平尾翼固定在两根机身延伸出来的管状翼撑的末端。

"航空探测"作为一套系统交付时，包括三架飞机、一辆发射和回收拖车，以及一套地面控制系统。这种飞机通过滑动框架系统进行起飞初期的助推，而着陆则是通过一张悬挂在两根杆之间的网进行的。MQ-19 的最先进版本将发射和回收系统整合到了一起。为了符合北约对于单一系统地面控制站和单一系统远程视频终端的部署要求，它们也做了一些设计的改进。

"航空探测"MQ-19 被选中参与美国特种作战司令部的"中等续航能力"Ⅱ期项目，并已在极端温度条件下（包括北极和沙漠环境中）证明自身的可靠性。目前，该型号已经在陆地和水上实现过成功运行。它们具有适合特种作战的良好隐蔽特性，具备低视觉和低听觉信号特征。这种机型具有携带多种侦察（multi-INT）设备的能力，包括电子战（EW）和通信设备。

特种作战指挥官能够根据任务需求在 MQ-19 上部署各种各样的装备，包括合成孔径雷达、3D 测绘仪、自动识别系统，以及光电和红外组合传感器。

"黑黄蜂"个人侦察系统

"黑黄蜂"个人侦察系统（Black Hornet PRS）是一种微型无人机（UAV），可由单人携带并操作。单套"黑黄蜂"系统包括两架空中飞行器，以及一个控制站和一个数据接收器。操作员可以通过皮带或背包携带该无人机系统。

在设计上，"黑黄蜂"采用的是一种微型直升机的形式，具有一扇主旋翼和一扇尾旋翼。该款无人机正面装有三个摄像头，一个朝前，一个朝下，另一个设置在 45° 角方向。每套系统包括两架无人机，操作员可以在一架无人机充电时运营另外一架。由"黑黄蜂"发送回来的全景或静态图像首先被发送到手持接收器上，相应数据随后将被存储在操作员的终端设备上。

"黑黄蜂"个人侦察系统（PRS）可使个人用户具备超视距的态势和威胁感知能力。这让精锐部队和特种部队的操作员在本军与敌人交战之前就具备了额外的优势。

"黑黄蜂"个人侦察系统规格

重量： 16克（0.5盎司）

尺寸： 长120毫米（4.7英寸）

发动机： 电池供电的电机

航程： 1.9千米（1.2英里）

实用升限： 不详

速度： 6米/秒（20英尺/秒）地速

武器： 不详

原产地： 挪威/英国

制造商： 普罗克斯动力公司/马尔堡通信有限公司

运营方： 英国陆军、美国陆军、美国海军陆战队特种部队

首飞： 2006年

按照设计，"黑黄蜂"主要用于在操作员的周边区域为个人或部队单位实施侦察任务。在实际应用中，其任务包括在障碍物（比如墙壁或建筑物）周围或上方进行视觉观察，窥探拐角，甚至飞越走廊，以探知任何形式的伏击。它们可以提供有关潜在目标的信息以及目标遭袭击后的状况评估。与城市作战一样，这种无人机在野外战场上也很有用。"黑黄蜂"可以由操作员手动控制，也可以借助 GPS 式定位系统预设路线，然后按照预定路线飞行。

2014 年发布的"黑黄蜂"改进版配备有一台夜视仪，以及长波、红外和视频传感器。"黑黄蜂"能够在距离操作员远达一英里的范围内，通过数据链传送回视频或高分辨率静态图像。

"黑黄蜂"曾被列装到诸如英军侦察旅之类的部队，并在阿富汗执行过任务。2014 年，美国陆军选择"黑黄蜂"来实现"微型情报、监视和侦察设备"（CP–ISR）项目的需求。2015 年，美国海军陆战队特种部队测试了一种该机型的改进版本，随即装备了该版本。这次采购是"士兵携带传感器"（SBS）项目的一部分。

在 2018 年，"黑黄蜂" 3 型投入使用，到 2020 年，这个版本已经部署，用于支持美国陆军的排级和小队监视侦察任务。

测绘直升机公司的"阿利亚卡"

"阿利亚卡"（Aliaca）电动微型无人机按照设计可用于执行情报、监视和侦察（ISR）任务和海岸监视、部队护送等任务。它由测绘直升机公司（Survey Copter）研发，配备了一种装有陀螺仪的稳定摄像机。法国海军目前已订购 11 套"阿利亚卡"系统。

"沙漠鹰"（Ⅲ型、Ⅳ型、EER 型）

"沙漠鹰"小型无人机系统（SUAS）可用于为地面小型军事单位提供情报、侦察、监视、目标捕获和其他一些类似信息。"沙漠鹰"的主要优点是便携性、坚固性和适应性。它们设计成以徒手方式或借助橡皮筋发射，可以直接以底盘着陆。灵活的抗损坏机身由一种坚韧的聚丙烯复合材料制成，在破裂时可确保机载的敏感电子设备完好无损。

最初版本的"沙漠鹰"本来是为美国空军的"部队保险机载侦察系统"项目而设计的。"沙漠鹰"也被英国陆军第 32 皇家炮兵团所采用。"沙漠鹰"配备着 360° 视角的彩色光电和红外全动态视频（Full-Motion Video，FMV）摄像系统。它们还可以携带可转换的卡扣式即插即用有效载荷，这使得该系统成为一种可适用于多种场景的有用设备，包括为白天或夜间的小型部队提供支持和保护。"沙漠鹰"可在 10 分钟内组装完毕并发射出去。

洛克希德·马丁公司一直在继续改善"沙漠鹰"的性能，并在不久之后生产出一种更坚固、更长、更轻的版本，称为"沙漠鹰"Ⅲ型。该版本被美国和英国军队广泛使用，曾部署在阿富汗。在新版本中，发动机和螺旋桨被移至飞机的前部。被称为"沙漠鹰"Ⅳ型的进一步改良版本，融合最新的技术进步，同时也没有牺牲这种无人机在重量上的优势。这种飞机也有一种缓慢失速装备，这使得它

测绘直升机公司的"阿利亚卡"无人机是一种具有高续航性的侦察和监视系统，覆盖范围可达100千米（64英里），有"阿利亚卡"Evo型和"阿利亚卡"ER型（增程型）两种类型。

"沙漠鹰"Ⅲ型设计得轻便坚固，易于组装，可在十分钟内完成部署，是一种性能卓越的军用侦察和监视设备。

摄像机传感器

"沙漠鹰"配备有一种360°视角的彩色光电和红外全动态视频摄像系统。

在塞浦路斯阿克罗蒂里英国皇家空军基地，英国皇家炮兵第47团的一架"守望者"WK450无人机正在准备起飞。"守望者"通常用于为炮兵部队提供目标指示。

"沙漠鹰"（Ⅲ型、Ⅳ型、EER型）规格

重量：Ⅲ型、Ⅳ型为3.7千克（8.2磅）；EER型为8.6千克（18磅）

尺寸：长度0.86米（34英寸）；翼展1.32米（52英寸）

发动机：电动发动机

飞行时间：1.5小时（Ⅲ型）、2.5小时（Ⅳ型）、2小时（EER型）

实用升限：150米（492英尺）

速度：92千米/小时（57英里/小时）

武器：不详

原产地：美国

制造商：洛克希德·马丁公司

运营方：美国空军、英国陆军

首飞：2003年

们的降落和回收变得更加容易。"沙漠鹰"Ⅳ型能够在极端天气条件下（包括大雨、雪和大风中）飞行。一种较大版本的"沙漠鹰"，称为"沙漠鹰"EER型（Extended Endurance and Range，意为"拓展航程与续航时间"），具有更大的翼展，从而具备更强的滑翔能力和更长的续航能力。这使得该版本能够与更大的"蚊蚋"–750型2级无人机相匹配，同时具有"蚊蚋"–750型1级的成本效益。水平机翼表面还设置有可重复使用的太阳能电池。"沙漠鹰"可以携带更多设备以增强信号侦察和通信侦察（COMINT）的性能。

"守望者"WK450

"守望者"（Watchkeeper）是一种在英国开发和制造的无人机系统，专为执行情报、监视、目标获取和侦察（ISTAR）任务而设计。这种无人机系统具有收集、处理和输送高质量图像的能力。"守望者"无人机可以将收集的信息发送给高级指挥官和情报分析员，也可以直接向地面的士兵提供实时流媒体影像，包括敌方装备和部

队活动的影像。"守望者"的有效航程可达 200 千米（124 英里），并且可在 4876 米（16000 英尺）的海拔高度运行。

通常，这种飞机可以在空中停留长达四个小时。"守望者"搭载一种高清光电红外和激光传感系统，以及一台泰雷兹公司（Thales）的 I-Master 型合成孔径雷达。该种雷达可在条幅式航线地图和聚光灯模式下运行，并支持高质量的地图测绘。该系统包含目标标记器、指示器和测距仪，可通过地面移动目标指示器（GMTI）识别不同的目标。"守望者"可以在悬空状态时被指派接受新任务。

"守望者"是为英国陆军所开发的，现由第 47 皇家炮兵团运营。该机型曾被部署到阿富汗的棱堡营，在那里，它们曾与"死神"无人机等其他空中装备一起行动。

尽管该型机遇到过一些开发问题，并且由于软件故障而出现过一些崩溃的情形，但从 2026 年起它们将开始接受一个中期使用寿命延长项目，其中包括更换过时的组件。这种飞行器及其控制系统的改进将由英国陆军情报、监视、目标获取和侦察办公室进行监督。

比亚乔公司的 P.1HH "锤头" 无人机系统（UAS）

P.1HH "锤头"（Hammerhead）是以 P.180 "阿凡提"（Avanti）商务涡轮螺旋桨飞机的机身为基础建造的，是一款高端中空长航时（MALE）无人机系统。由于 P.1HH 是以有人驾驶客机为设计基础的，因此有足够的空间容纳机载设备以及用于长航时任务的燃料电池。普惠加拿大公司的双涡轮螺旋桨发动机配有五叶低噪声螺旋桨，可为该机提供巨大的推力，使其成为同类中速度最快的中空长航时无人机。"锤头"可执行包括情报、监视和侦察，以及通信侦察、电子侦察（ELINT）和信号侦察等在内的多种任务，相关机载设备套件可以根据任务的优先级别进行调整。这些任务的实施都是通过任务管理系统（MMS）进行控制的。飞机本身的控制是通过无人机控制管理系统（VCMS）进行的。

地面控制站的通信通过机载数据链路系统进行，其中包括视距（LOS）和超视距（BLOS）数据链路。地面控制站内有一个飞行

2015年阿布扎比国际防务展览会（IDEX）上展出的一架P.1HH"锤头"中空长航时（MALE）无人机（UAV）。"锤头"是从P.180型"先锋"商用飞机改造而来的。

P.1HH"锤头"规格

重量： 6600千克（14500磅）

尺寸： 长度14.40米（49英尺2英寸）；翼面积18.00平方米（193.75平方英尺）

发动机： 普惠加拿大公司的850轴马力发动机

航程： 8149千米（5063英里）

实用升限： 13716米（45000英尺）

速度： 731千米/小时（454英里/小时）

武器： 不详

原产地： 意大利

制造商： 比亚乔航空航天公司

运营方： 阿拉伯联合酋长国

首飞： 2013年

控制团队和控制最多可达三架无人机系统的所有必要设备。

这种无人机系统还具有自动起飞和着陆（ATOL）功能。根据防护的飞行甲板和背部整流罩的位置，可以看出卫星通信系统、航空电子设备和与任务相关的设备存放的区域。

在竞争日益激烈的中空长航时无人机系统市场上，作为一种改装自客机的无人机，"锤头"是一个高规格竞争者，而它的大多数竞争对手都是专门设计的无人机系统。

丹尼尔动力公司的"短尾鹰"

"短尾鹰"（Bateleur）中高空长航时（MALE）无人机（UAV）是专为执行监视和信号侦察任务而设计的，由丹尼尔动力公司（Denel Dynamics）研发。在设计上与通用原子公司的MQ-1"捕食者A"无人机相当。它们的机头区域是球状的，里面装有航空电子设备和传感器。光学器件安装在机头下方的常平架上。平直机翼安装在机身中部，水平尾翼支撑着垂直尾翼。发动机位于机身后部，为三叶螺旋桨提供动力。"短尾鹰"具有模块化结构，允许采用不同配置，并且这种无人飞行器可以拆解并存放在一个集装箱内运输。"短尾鹰"无人机可携带多种设备，包括一套丹尼尔光电科技公司（Denel Optronics）的 Argos-410 型光电红外系统，配有可选的激光测距仪、激光指示器、一套电子发射器定位系统、电子侦察设备和一台合成孔径雷达。该种无人机具有电子侦察、通信侦察、机载通信中继、影像侦察、目标定位和指定、战场监视和炮兵射击定位支援等功能。

法尔科"探索者"

法尔科"探索者"（Falco Explorer）是一款中空长航时（MALE）无人机，可用于执行持续的情报、监视和侦察任务。这种无人机能携带各种标准传感器和专门任务传感器。法尔科"探索者"的机身修长，前端区域凸起，有一个 V 形尾翼，后面是由一种传统飞机发动机驱动的推进式螺旋桨。该种飞机装有可伸缩式的起落架。作为一套系统交付时，法尔科"探索者"无人机系统包括一个地面控制站、一台地面数据终端机、两架飞机和一些支持设备。该系统可以通过空运集装箱运输。

法尔科"探索者"携带的基本套件包括多功能合成孔径雷达、一座光电多传感器陀螺仪稳定转塔和一套信号侦察套件。它们通常会携带一台加比亚诺公司（Gabiano）的 T8OUL 型监视雷达，用于测绘、地面移动目标指示，以及搜索和营救（SAR）行动。

法尔科"探索者"的飞行能力和装备包使它们成为一种有用的军用装备，同时也使它们能够在国土安全和搜救（SAR）行动中施展手脚。该型飞机还可用于海上监视。法尔科"探索者"的轻型光电空间传感器（EOSS）转塔可容纳多达八台传感器，其中包括红外传感器和可视摄像机、激光测距仪、激光照明器和激光指示器。该型飞机还搭载 SAGE 型电子侦察、信号侦察传感器和气候识别系统。根据任务需要，它还可携带其他类型的设备。

"法尔科"配有一种自动和辅助飞行管理系统，该系统可管理

一架在2019年巴黎—布尔歇国际航空展上展出的法尔科"探索者"无人机。LEOSS型多传感器光学系统位于四轴陀螺仪稳定转塔系统中。该转塔内包含多达六台光电（EO）传感器。

这款紧凑的轻量微型"卫星"2型无人机是专门为战术实时侦察、监视和目标捕获任务而设计的。它们可由单个操作员携带和发射。

无人机的自动起飞和着陆。

"卫星" 2 型、3 型和 4 型

"卫星"（Orbiter）小型无人侦察机有 2 型、3 型和 4 型三种不同版本，每一种版本都比前一种体积更大，性能更强。

"卫星" 2 型

"卫星" 2 型是体积最小的版本，是一款轻型便携式无人机系统（MUAS），专门设计用于情报收集、监视、目标获取和侦察任务。这种轻型无人机系统可用于高强度和低强度战争、城市战和镇压叛乱，也可用于海上监视。它们可以在白天和夜晚执行任务，配有稳定光电和红外传感器、一个带激光指示器的光电摄像头，以及摄影测量测绘设备。这种微型无人机系统采用弹射器发射，可自动起飞和着陆。它在陆地上可通过降落伞回收，在海上则通过拦网回收。

"卫星" 2型规格

重量： 1500千克（3306磅）

尺寸： 翼展3米（9.8英尺）

发动机： 电动推动式发动机

航程/飞行时间： 100千米（62英里）/4小时

实用升限： 不详

速度： 129.5 千米/小时（70节，80.5英里/小时）

武器： 不详

原产地： 以色列

制造商： 以色列航空集团

运营方： 以色列陆军、阿塞拜疆陆军、墨西哥联邦警察、以色列海军、波兰陆军、芬兰陆军、塞尔维亚陆军

首飞： 2008年

"卫星" 3 型

  "卫星" 3 型是一款携带多种传感器的小型战术无人机（STUAV）。"卫星" 3 型可执行长航时情报、监视、目标捕获和侦察任务。它们还具有一套数字数据链路和一台激光目标指示设备，并具有信号侦察功能。"卫星" 3 型可以在七分钟内通过弹射器发射出去，它们的电动发动机具有低噪声特征，与机身的狭窄截面相得益彰，十分适合进行秘密行动。"卫星" 3 型是一种性能强大、经实战验证过的平台，具有广泛的应用范围。

"卫星" 4 型

  "卫星" 4 型具有"卫星" 3 型的所有功能，而且还有一些进一步的增强功能。它们具有更强大的续航能力、更灵活的操作性、更先进的航空电子设备和更广泛的战术应用功能。它们具备陆地和海上情报、监视、目标获取和侦察（ISTAR）、通信侦察以及电子

"卫星" 4型规格

重量：12千克（26.4磅）

尺寸：翼展5.5米（18英尺）

发动机：多燃料火花点火发动机

飞行时间：24小时

实用升限：5486米（18000英尺）

速度：129.5千米/小时（70节，80.1英里/小时）

武器：不详

原产地：以色列

制造商：以色列航空集团

运营方：以色列国防军

首飞：2008年

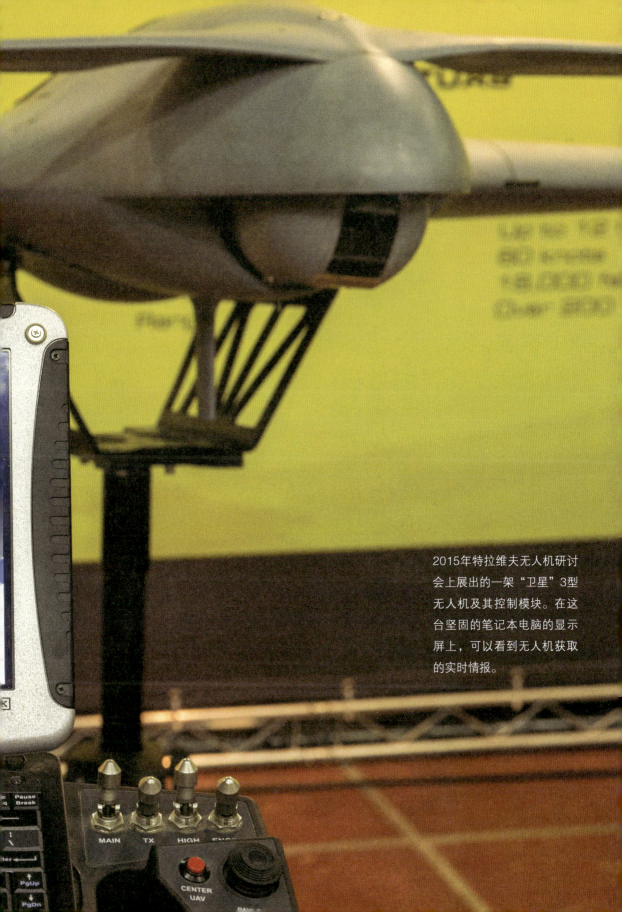

2015年特拉维夫无人机研讨会上展出的一架"卫星"3型无人机及其控制模块。在这台坚固的笔记本电脑的显示屏上，可以看到无人机获取的实时情报。

"卫星"4型是"卫星"3型的增强版本，特别适用于海上作业。它们可以从各种类型的船只上发射出去，以执行目标获取和火力导引任务。

"统治者"XP型在设计上系以传统的轻型客机为基础，能够携带广泛的有效载荷，为陆地和海上作业提供战略情报和监视支持。

战的能力。该类型先进的图像处理能力包括自动视频跟踪、数字变焦和超分辨率、视频运动检测（VMD）、视频镶嵌合成、数字画面滚动和影像稳定等。与"卫星"2型和3型一样，"卫星"4型也配备有火花点火式多燃料发动机。它们具备自动起飞和着陆功能，并拥有六种可选自动驾驶模式。海上用途包括用于深海和沿海侦察，可部署在各种类型的海军舰艇上。

"统治者" XP 型

　　"统治者"（Dominator）XP型这种中高空长航时（MALE）无人机系统（UAS）在设计上以奥地利钻石公司的DA–42型"双子星"（Twin Star）有人飞机为基础。它们主要设计用于执行全天候情报、监视和侦察（ISR）以及海上监视和国土安全任务。

　　它们的多传感器、多任务系统集成了数据链路、视距（LOS）和超视距（BLOS）以及卫星通信（SATCOM）功能。可变化的任务相关设备载荷可以包括光电、红外和高光谱传感器、激光指示器

"统治者" XP型规格

重量：1200千克（2640磅）

尺寸：长度8.6米（28英尺2英寸）；翼展13.5米（44英尺3英寸）；高度2.5米（8英尺2英寸

发动机：两台蒂勒特公司的柴油发动机

飞行时间：20小时

实用升限：9100米（30000英尺）

速度：354千米/小时（219英里/小时）

武器：不详

原产地：以色列

制造商：航空集团

运营方：以色列国防军（IDF）

首飞：2009年

和标识器、海事雷达、SAR/GMTI 型雷达和通信中继设备。在保持视距（LOS）数据链路连接的情况下，操作距离最远可达 300 千米（186 英里），但也可以配备卫星通信设备（SATCOM），使用地球静止轨道卫星进行超视距（BLOS）操作。该系统中包括一个具有用户友好界面的地面站，借助该站可实现路线规划、操作模式、传感器控制和目标指定。

　　"统治者"能够进行海上反潜和反舰作战。这种无人机系统还配备有一种自动发射和回收（ALR）设施。即使其中一个发动机发生故障，这种飞机也能够保持直线和水平飞行。"统治者"无人机很好地满足了以色列国防军(IDF)的需求，并已被一些北约成员国所装备。

"宇宙之星"

　　"宇宙之星"（Aerostar）战术无人机系统（TUAS）是一种久经考验的系统，在世界范围内的行动中已累计飞行约 250000 小时。"宇宙之星"允许在一个灵活的系统中搭载多种有效载荷，具

"宇宙之星"规格

重量：100千克（220磅）

尺寸：长度4.5米（14英尺9英寸）；翼展7.5米（24英尺7英寸）；高度1.3米（4英尺3英寸）

发动机：赞佐泰拉公司的二冲程498i型箱式发动机

航程/飞行时间：200千米（124英里）/12小时

实用升限：5486米（18000英尺）

速度：203千米/小时（126英里/小时）

武器：不详

原产地：以色列

制造商：航空集团

运营方：以色列国防军（IDF）

首飞：2000年

"宇宙之星"战术无人机是一款经过实战验证的系统，目前已被世界各地的多支军队所装备。它们的大型有效载荷舱可以携带各种传感器和雷达。

"赫尔墨斯"450型是一款经过实战验证的战术无人机,目前已被以色列国防军和全球范围内的其他一些军队广泛使用。驻阿富汗的英国军队曾装备过一批这种无人机,该机型后来构成英国"守望者"无人机的设计基础。

体载荷可根据任务要求进行调整。"宇宙之星"的机身上部有一片上单翼，后部有一台柴油发动机为推进式螺旋桨提供动力。两根平行的翼撑向后延伸以支撑后部尾翼组件，借助两片垂直尾翼支撑起一片水平尾翼。机身底部的中央位置有一台光电稳定摄像机，而机身顶部的支撑杆用于支持数据链路系统。

"宇宙之星"可以借助 GPS/INS 定位系统实现导航和瞄准，在 GPS 定位系统无法提供服务时仍能进行导航。它配有一种可以实现自动起飞和着陆（ATOC）的系统，并可在预编程自主飞行模式下运行。搭载设备包括光电 / 红外传感器、一台激光指示器、合成孔径雷达（SAR/GMTI）和电子侦察传感器。

整套设备使"宇宙之星"能执行陆地和海上的情报、监视、目标获取和侦察任务，以及电子战、部队保护和目标发现任务。所获取的情报将通过卫星通信数据链路传输到地面站。

"赫尔墨斯" 450 型

"赫尔墨斯" 450 型，这种经过实战验证的无人机（UAV）专为长航时任务而设计，能够携带多种有效载荷。在这些载荷中包括的两套有效载荷配置，可允许无人机执行两项并行任务。"赫尔墨斯" 450 型配有长管状机身和平直机翼，机身后部配有一台汪克尔

"赫尔墨斯" 450型规格

重量：550千克（1212磅）

尺寸：长度6.10米（20英尺）；翼展10.5米（34.4英尺）

发动机：汪克尔式四冲程发动机

航程/飞行时间：260千米（124英里）/17小时

实用升限：5486米（18000英尺）

速度：176千米/小时（109英里/小时）

武器：不详

式四冲程发动机，以驱动一套双叶螺旋桨，机身上还倾斜安装有两片 V 形尾翼。"赫尔墨斯"450 型配有一套固定起落架。机身下方的常平架上承载着光学系统。"赫尔墨斯"450 型可携带一系列传感器，包括光电和红外激光以及地面移动目标指示器（GMTI），并且具有通信侦察、信号侦察和电子侦察能力。该种机型还配备有高光谱系统，拥有自动起飞和着陆系统，并且具有高度自主性。

"赫尔墨斯"450 型目前已被以色列国防军（IDF）在实战中使用过，并被多个国家的武装部队所装备。英国陆军的"守望者"无人机是"赫尔墨斯"450 型的改良版，曾被英国陆军在阿富汗广泛使用。

"赫尔墨斯" 900 型

"赫尔墨斯"900 型是一款中空长航时（MALE）无人飞行器，专为执行情报、监视、目标获取和侦察任务而设计。该机型配备多种传感器，包括光电和红外传感器、合成孔径雷达、地面移动目标指示器、通信和电子侦察设备、电子战设备和高光谱传感器。这款

"赫尔墨斯"900型规格

重量： 830千克（1830磅）

尺寸： 长度8.3米（27英尺2英寸）；翼展15米（49英尺2英寸）

发动机： 罗塔克斯–914型发动机

飞行时间： 40小时

实用升限： 9144米（30000英尺）

速度： 222千米/小时（138英里/小时）

武器： 不详

原产地： 以色列

制造商： 埃尔比特系统公司

运营方： 以色列空军(IAF)

首飞： 2009年

"赫尔墨斯"900型具有持
久的监视能力和长续航能
力，可以在较宽的频谱范围
内检测地面和海上目标。

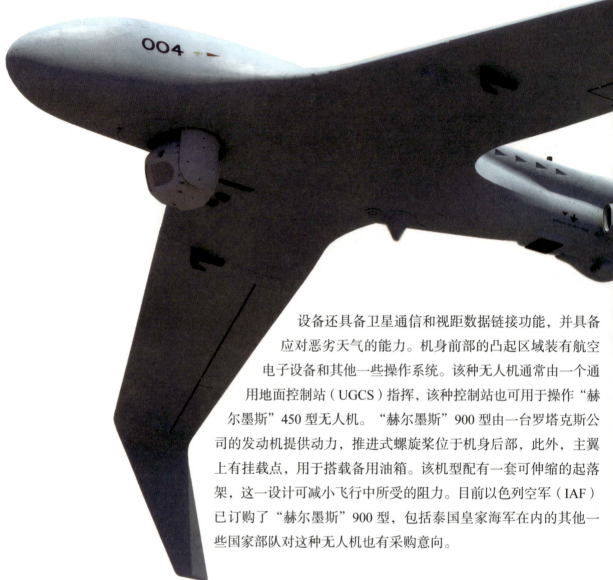

设备还具备卫星通信和视距数据链接功能，并具备应对恶劣天气的能力。机身前部的凸起区域装有航空电子设备和其他一些操作系统。该种无人机通常由一个通用地面控制站（UGCS）指挥，该种控制站也可用于操作"赫尔墨斯"450型无人机。"赫尔墨斯"900型由一台罗塔克斯公司的发动机提供动力，推进式螺旋桨位于机身后部，此外，主翼上有挂载点，用于搭载备用油箱。该机型配有一套可伸缩的起落架，这一设计可减小飞行中所受的阻力。目前以色列空军（IAF）已订购了"赫尔墨斯"900型，包括泰国皇家海军在内的其他一些国家部队对这种无人机也有采购意向。

"赫尔墨斯"45型

"赫尔墨斯"45型能够在陆地或海军舰艇上实现点发射和回收。这是一种紧凑的系统，可为部队提供广泛的侦察、监视和瞄准服务。

按照设计，这款多任务、小型战术无人飞行器系统（STUAS）专用于旅级和师部队执行情报、监视、目标获取和侦察任务。它们还可以用于执行海上任务。"赫尔墨斯"45型借助弹射器发射，返程时按照自动定点降落流程实现回收。卫星通信（SATCOM）

"赫尔墨斯"45型规格

重量：70千克（154磅）

尺寸：长度1米（3英尺3英寸）；翼展5米（16英尺4英寸）；高度0.8米（2英尺7英寸）

发动机：不详

航程/飞行时间：200千米（124英里）/22小时

实用升限：5486米（18000英尺）

速度：不详

武器：不详

的视距范围为 200 千米（124 英里）。内部有效载荷舱可容纳一系列设备，包括光电和红外传感器、航海雷达、主导地形传感器、电子侦察设备、通信侦察设备和其他一些设备。

"苍鹭"Mk Ⅰ型

这种中空长航时（MALE）无人机系统（UAS）是专为执行战术和战略任务而设计的。该机型最高能够到达 35000 英尺的高度，可以在空中停留长达 45 小时。"苍鹭"采用多任务系统，整合了各种设备，能够在陆地和海域上执行情报、监视、目标获取和侦察任务。它们具备视距、超视距及卫星通信功能，可以将数据实时传送给操作员。机载设备包括合成孔径雷达（SAR）、通信侦察（COMINT）设备、电子支援措施（ESM）和电子侦察设备，以及海上巡逻雷达（MPR）。Mk Ⅰ型有一种使用重油的版本，称为"超级苍鹭"HF 型。

"苍鹭"Mk Ⅰ型专为执行战略侦察和监视行动而设计，是一种非常成功的平台，目前已在世界范围的多国军队中服役。它们可以与地面、空中和海上部队实现互动。

"苍鹭" Mk Ⅰ 型规格

重量: 70千克(154磅)

尺寸: 长度1米(3英尺3英寸);翼展5米(16英尺4英寸);高度0.8米(2英尺7英寸)

发动机: 不详

航程/飞行时间: 200千米(124英里)/22小时

实用升限: 5486米(18000英尺)

速度: 不详

武器: 不详

原产地: 意大利

制造商: 莱昂纳多集团

运营方: 多方

首飞: 2020年

"苍鹭" Mk Ⅱ 型

"苍鹭" Mk Ⅱ 型(Heron Mk Ⅱ)与 Mk Ⅰ 型的区别在于 Mk Ⅱ 型有更长更宽的机身以及更强大的发动机,爬升速度因此提高了50%。Mk Ⅱ 型版本还具有远程侦察能力,能够在不越过国际边界或不进入敌方武器射程范围的情况下收集情报。之所以能实现这一点,是因为其拥有性能更强大的传感器。

"苍鹭" TP 型

"苍鹭" TP 型是一种先进的远程中空长航时无人机。比起"苍鹭"Mk Ⅰ 型,该型号的机身更长,速度更快,并能够达到更高的高度,还具有自动起飞和降落以及卫星通信(SATCOM)功能。它们可以执行情报、监视、目标获取和侦察任务,同时可以根据系列任务要求进行调整。

战术型"苍鹭"

　　战术型"苍鹭"是"苍鹭"无人机系列中最小的平台，也是一种造价高达数百万美元、可搭载多种有效载荷的战术无人机系统（TUAS）。尽管个体相对较小，但采用最新技术的战术型"苍鹭"也是以色列航空工业公司（IAI）产品序列中最强大的战术系统。它们可以将收集到的情报实时传输给军队的操作员。这种无人机系统配有一种宽带数据链路，可以通过卫星通信（SATCOM）轻松升级以实现超视距（BLOS）通信。战术型"苍鹭"的设计也非常实用，可以从简易机场跑道发射。它们还可以与其他属于以色列航空工业公司的系统进行互操作，地面控制系统也可通用。

　　战术型"苍鹭"搭载的设备包括合成孔径雷达、通信侦察设备、电子支援设备和电子侦察设备。该型号还配备有海上巡逻雷达（MPR）。

战术型"苍鹭"规格

重量： 不详

尺寸： 长度7.3米（23英尺11英寸）；翼展10.6米（34英尺9英寸）

发动机： 罗塔克斯公司的燃油喷射发动机

航程/飞行时间： 300千米（186英里）/24小时

实用升限： 7010米（23000英尺）

速度： 222千米/小时（120节，138英里/小时）

武器： 不详

原产地： 以色列

制造商： 以色列航空工业公司无人机分公司

运营方： 以色列国防军（IDF）

首飞： 2019年

一架以色列的"苍鹭"无人机正从以色列帕尔马希姆空军基地的跑道上起飞。

"搜索者"

"搜索者"（Searcher）是一种多任务战术非武装航空系统（TUAS），主要用途是搜集情报、监视、获取目标和侦察。它们还可以执行火炮射击校正和战损评估任务。尽管"搜索者"的尺寸是"侦察兵"的两倍多，但"搜索者"仍然是一种紧凑的系统，可以在远程操作时实现高质量的实时情报收集和传输。

"搜索者"携带的设备通常包括合成孔径雷达、通信侦察设备、电子支援设施、电子侦察设备、海上巡逻雷达和其他一些与任务相关的设备。

俄罗斯军队在 2022 年俄乌冲突期间使用了俄罗斯版本的"搜索者"——"前哨"R 型（Forpost-R）。装备"搜索者"的还有印度、泰国、韩国、土耳其和西班牙等国的武装部队。

以色列航空工业公司的"游骑兵"

"游骑兵"（Ranger）由以色列航空工业公司与瑞士拉格航空公司（RUAG Aviation）联合开发。为满足瑞士的军事需求，它具有特殊的设计功能，如在极端天气条件下的增强生存能力和最佳效率。"游骑兵"可以从液压弹射器起飞，配有一种滑动着陆系统，能够在崎岖的着陆带上着陆，无论是草地还是覆盖有冰雪的地面。"游骑兵"目前已进入瑞士空军和芬兰国防军服役。

"旗手"迷你型无人机

"旗手"迷你型（Bayraktar Mini）无人机是拜卡公司（Bayraktar）生产的第一款无人机系统，也是土耳其武装部队部署的第一套土耳其生产的空中系统。这种迷你型无人机是一种特别便携的系统，专为班级部队的短程昼夜空中侦察任务而设计。这种飞机系统由凯夫拉复合纤维制成，易于组装和发射。所属地面控制系统易于携带。该种系统具有自动起飞和着陆、航路点管理系统和自动跟踪功能。

它们还具有自动目标点跟踪功能，并配有一套数字通信系统。如果与地面控制站失去联系，这种无人机可自动返航并着陆。该种无人机系统还具有自动起飞和巡航系统。无人机机身下方装有一个常平架。它通常以滑动模式着陆，但也可以通过降落伞实现回收。该种无人机共生产三个版本：迷你 A 型、迷你 B 型、迷你 D 型。迷你 D 型的通信有效范围是前代产品的两倍，飞行高度是前代产品的三倍。

"副翼" 3 型

该型号名称用俄文罗马字母化写作 "Eleron-3"，即英文 "Aileron-3"。这款小型、短程的无人飞行器旨在为前线部队提供侦察和监视服务。这种无人机可以执行自主远程控制任务，包括区域巡逻和联合观察。它们具有可选自主飞行、GPS 式定位系统导航飞行和自动着陆功能。该机型的模块化任务设备中，包括一个带有红外摄像头和低光电视摄像头的模块，或者一个带有电视摄像头和热成像摄像头的模块。这使得这种无人飞行器能够将实时的战场信息传递给地面操作人员。"副翼" 3 型采用一种融合式的机翼和机身设计。动力装置位于机身后部，配有两叶螺旋桨。它们配有一个可 360° 旋转的光学设备搭载支架。

"副翼" 3型规格

重量：最大起飞重量4.9千克（10.8磅）

尺寸：长度0.6米（1英尺9英寸）；翼展1.47米（4英尺8英寸）

发动机：电动机

航程/飞行时间：不详

实用升限：4000米（13000英尺）

速度：130千米/小时（81英里/小时）

武器：不详

2015年，在比什凯克附近举行的一次军事训练演习中，俄罗斯士兵正在发射一架"副翼"无人机。俄罗斯军队目前已经装备"副翼"3型，用于实施战术侦察。

一名乌军士兵正在准备发射一架"愤怒"无人机。"愤怒"被乌军广泛用于执行情报、监视和侦察（ISR）任务。

A1–CM "愤怒"

A1–CM"愤怒"（Furia）自2014年起由速龙航空公司（Athlon-Avia）开发，是一种飞翼无人机系统，可用于空中侦察和火炮射击校正。2019—2020年间，乌军部队正式开始采用A1–CM"愤怒"，迄今已装备100多套该系统。该系统每套由三架无人机以及相应的白天和夜间影像装备组成。该种无人机可采用半自动引导或自主摄像引导模式飞行。它们还具有自动起飞和降落的功能。尽管这种无人机的飞行路径可以预先编程设定，但也可以在飞行过程中进行修改。如果与操作员的通信中断，这种无人机可以自动返回基地。

"愤怒"可以在摄像头引导飞行模式下操作，也可以与一种火炮火控系统实现集成。"愤怒"的其他特色包括配有一种惯性导航系统、卫星导航系统和机载导航灯。

它所配备的便携式地面控制站采用一种坚固、防震和防水的外壳。站内配备两台高清显示器，两名操作员因此能够对无人机和机载设备进行全面控制。

A1-CM "愤怒" 规格

重量：5千克（11磅）

尺寸：长度0.90米（3.2英尺）；翼展2米（6英尺6英寸）

发动机：电动机

航程/飞行时间：50千米/3小时

实用升限：不详

速度：65千米/小时（40英里/小时）

武器：不详

原产地：乌克兰

制造商：速龙航空公司

运营方：乌武装部队

首飞：2014年

"麻雀"

　　"麻雀"（Sparrow）无人机系统（UAS）由西班牙科技公司专为班级部队实施空中侦察而设计，活动范围可达20千米（12.4英里）。它们非常适合特种部队使用，可用于搜索和侦察，也可用于火炮目标定位和火力导引。"麻雀"无人机系统设计为可由一名士兵携带，具体包括飞行器本身、地面控制站、天线和发射系统。在返回基地时，"麻雀"借助降落伞实现回收。在设计上，"麻雀"采用了一种融合式飞翼，机身下方带有一个可横向360°旋转的常平架。发动机位于机身前部，为两叶螺旋桨提供动力。主翼末端的垂直小翼提高了燃油效率和操控性。"麻雀"能够在陆地和海洋环境中飞行。"麻雀"可以自主飞行，所属摄像系统可提供静态图像和实时影像。2022年冲突爆发后，乌军开始装备这种无人机。

"海鹰－10"型

　　"海鹰－10"型是一款中程无人机（UAV），设计用于空中侦察、观察、监视、3D测绘、搜索和救援（SAR）等任务。"海鹰－10"型于2010年首次生产，目前已在亚美尼亚、纳戈尔诺－卡拉巴赫、叙利亚、顿巴斯等多个战争区域，以及乌战场上得到应用。每套"海鹰－10"型无人机系统包括两架飞行器、一个地面控制站、一套便携式发射系统和相关备件。地面控制站位于一辆MP32M1型指挥和控制车辆内，通过数字数据链路与无人机进行通信。

　　"海鹰－10"型采用模块化设计，配有一片上单翼和一片带有垂直安定面的水平尾翼。发动机位于机身前部，负责驱动一根两叶螺旋桨。这种无人机通过可折叠弹射器发射，并借助机载降落伞实现回收。可互换的有效载荷包括一台白天用摄像机、一台热成像摄像机、一台视频摄像机，以及安装在机身下方的陀螺仪稳定摄像机舱中的一台无线电发射器。图像和视频将被实时传输到地面控制站。

　　该种无人机可以自主或遥控模式执行任务。"海鹰－10"型的升级型号还配备了一台激光指示器。

2021年，在哈巴罗夫斯克（伯力）展出的一架"海鹰-10"型无人机及其MP32M1型指挥车。"海鹰-10"型是一种简单但有效的无人机，俄军在冲突中大量使用这种无人机。

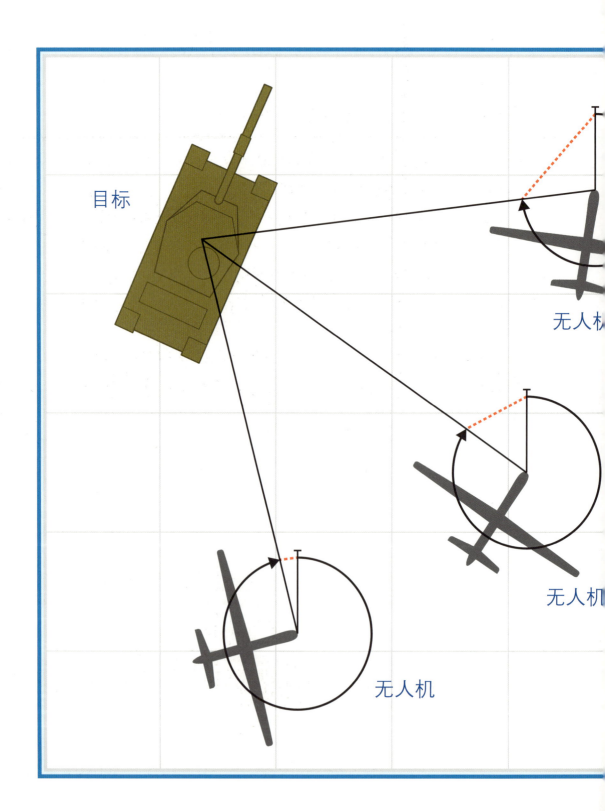

目标

无人机

无人机

无人机

侦察用和火力引导无人机

中型无人机，如"海鹰–10"和"石榴石"4型，由俄军的炮兵侦察分队操作。这些无人机在实施前方观察任务时十分成功，通常由旅属无人机连的小型和短程无人机排操作。这些无人机的操作员负责确定目标的坐标，并将该信息传递给炮兵前方观察员，然后由炮兵前方观察员将该信息传递给炮兵部队的火控人员。在运营成功的情况下，这些无人机可以实时提供准确的射击坐标。俄无人机在承担这一角色上的有效性得到了对手的认可。

在冲突期间，有大量"海鹰–10"和其他类型的无人机因干扰而受损或被击落。据说，损耗率严重降低了俄军执行无人机侦察和火力指引任务的能力。

左图：多架无人机可以联合起来获取目标的多个方位角，然后通过三角学对获得的数据进行计算，以精确定位火力指引任务的目标。

"海鹰–10"型规格

重量： 9千克（20磅）

尺寸： 长度2米（6英尺6英寸）；翼展3.1米（10英尺2英寸）

发动机： 汽油发动机

航程： 150千米（93英里）

实用升限： 5000米（16404英尺）

速度： 150千米/小时（93英里/小时）

武器： 不详

原产地： 俄罗斯

制造商： 俄罗斯特种技术中心有限责任公司

运营方： 俄罗斯武装部队

首飞： 2014年

"石榴石"系列

"石榴石"（Granat）无人机系统有各种型号和尺寸，复杂程度和射程也相应地逐渐增加。

"石榴石"1型

"石榴石"1型采用一种小型飞翼设计，可以轻松手动发射。它们的机身前部有一根两叶螺旋桨。

"石榴石"2型

该版本虽然比"石榴石"1型大，但也可以手动发射。它们的机身比"石榴石"1型更轮廓分明，配有平直机翼和位于尾梁末端的倾斜尾翼。

"石榴石"4型

　　"石榴石"4型是一款中程无人机，发动机位于机身后部，为一根推进式螺旋桨提供动力。它们配有平直机翼，水平尾翼安装在尾梁末端。这个版本是从弹射器发射出去的。一套"石榴石"4型系统包括两架无人机、若干载荷模块、一个充电和加油站、一个以卡玛斯汽车厂的7350型卡车为基础的地面控制站、两个运输用集装箱和一台可折叠的弹射器。"石榴石"4型可在大约70千米（43英里）范围内执行侦察和火炮定位任务。最新版本的"石榴石"可携带信号侦察（SIGINT）设施的有效载荷，使其能够执行无线电监测、信号收集和指挥，以及充当机载无线电中继站的任务。

下图："石榴石"4型无人机用于执行侦察和信号侦察（SIGINT）任务。这种无人机是通过弹射轨道系统发射的。

2021年9月的某个时间，在内华达州克里奇空军基地的跑道上，一架配属于美国空军第432联队/第432空中远征联队的MQ-9"死神"无人机正在起飞。

UNM
A

3

无人战斗机
（UCAV）

无人战斗机（UCAV）主要由侦察平台发展而来，目前已经成为当代空战领域最重要的新兴装备之一。通用原子公司的 RQ-1"捕食者"可很好地展示出无人战斗机的发展历程。该机型最初被设计为一种非武装侦察平台，后来开始配备导弹，并在 2002 年被命名为 MQ-1"捕食者"，以标志该类型无人机角色的转变。"捕食者"的成功后继者是 MQ-9 型"死神"，后者的情报、监视、侦察和目标定位能力（ISRT）得到增强，是一种性能高度发达的攻击无人机。

虽然"捕食者"和"死神"都是由超级大国开发的，但以色列运营"侦察兵""驯犬""搜索者"和"赫尔墨斯"无人机的经验证明，一个较小的国家也可以开发出高效能的无人机，用于侦察和打击任务。很快，土耳其也加入了这个俱乐部，并开始开发出一些 21 世纪最具颠覆性的无人机。2014 年，拜卡公司研制出"旗手"TB2 型无人机，在利比亚、叙利亚、纳戈尔诺 – 卡拉巴赫等地区的冲突中发挥了主导的和决定性的作用。

在冲突中

最近发生的战事展现了武装无人机的有效性，以及它们是如何改变局势，使得情况变得有利于军事力量较弱的一方的。在冲突的最初几周，"旗手"TB2 型无人机对俄军产生了重大影响。俄防空系统花费了一些时间才对缓慢低空飞行的这种无人机造成了足够的损耗率，这才减轻了它们的影响。然而，乌借此已经展示了一个常规载人空军规模小于对手的国家如何才能弥补自身实力的不足，同时又使己方的载人飞机和飞行员免遭危险的成功案例。这一点非常重要，因为随着载人战斗机变得越来越复杂，即使是富裕国家也倾

"保护者" RG Mk 1 型

英国人目前已为自己现有的 MQ-9A "死神" 机队采购了一种后继机型。新版本被指定为 "保护者"（Protector）RG Mk 1 型（或 MQ-9B 型），其搜集情报、监视、获取目标和侦察功能得到改进。这种新式飞机将配备检测和规避技术，以便能够在拥挤的空域安全运行，并且还将具有自动起飞和着陆功能，这将减少部署所需的占地面积。所配备的高清光电红外摄像机将增强该机型的持续侦察能力。

向于减少购买。正如第五章所讨论的，无人机技术可以用来弥补载人飞机数量的不足。

美国限制向某些国家提供无人机技术（"捕食者" XP 型是用于出口目的、功能有限版本的无人机），但有些国家的无人机出口范围要广泛得多。

通用原子公司 MQ-9 "死神"

MQ-9 型 "死神" 是 MQ-1 型 "捕食者" 的发展版本，但与其前身有很大不同，这使其看起来像是一款全新的无人机。MQ-9 型比 "捕食者" 明显更长、更重，并且可以携带比 "捕食者" 多大约 15 倍的弹药。该机型的巡航速度也快了三倍。

MQ-9 型主要设计用于情报、监视和侦察任务，但也可以进行近距离空中支援、战斗和打击任务。它们的独特能力使其成为进行特种作战任务的有用装备。在某些方面，"死神" 体现了无人机从情报收集装备到充当更典型的猎人或杀手角色的转变。

"死神" 配备了以雷神公司（Raytheon）的 AN/AAS-52 型多

2021年"海风演习"期间，在乌克兰南部城市尼科拉耶夫的库尔巴金飞机场，几名参加演习的乌军正在推动一架"旗手"TB2型无人战斗机。

MQ-9 "死神" 规格

重量: 2223千克 (4900磅)

尺寸: 长度11米 (36英尺); 翼展20.1米 (66英尺); 高度3.8米 (12.5英尺)

发动机: 霍尼韦尔公司的TPE331-10G-D型涡轮螺旋桨发动机

航程: 1850千米 (1150英尺)

实用升限: 15240米 (60000英尺)

速度: 444千米/小时 (240节, 276英里/小时)

武器: AFG-114 "地狱火" 导弹、GBU-12 "铺路" Ⅱ型、 GBU-38型联合直接攻击弹药、GBU-49型增强版 "铺路" Ⅱ型、GBU-54型激光制导联合直接攻击弹药

原产地: 美国

制造商: 通用原子公司

运营方: 美国空军、美国特种作战司令部、英国皇家空军、西班牙、法国、荷兰、意大利

首飞: 2001年2月

光谱瞄准 (MTS) 传感器套件为基础的多种传感器, 包括红外传感器、一台彩色 / 单色日光电视摄像机、一台影像增强电视摄像机, 以及一台激光指示器和一台激光照明器。

MQ-9 型上的六个挂架可以搭载各种各样的武器, 包括 GBU-12 型 "铺路" Ⅱ型激光制导炸弹、AGM-14 "地狱火" Ⅱ型空对地导弹、AIM-9 "响尾蛇" 导弹或 GBU-38 联合直接攻击弹药 (JDAM)。任务套件和武器载荷可以根据特定的作战要求进行调整。"死神" 由一队机组人员控制, 其中包括一名合格的美国空军飞行员、一名传感器操作员和一名任务情报协调员。

特种作战需求

美国空军特种作战司令部要求, 用于特种作战任务的 "死神" 应该能够在不到八小时的时间内准备好, 以便搭乘 C-17 "环球霸王" Ⅲ (Globemaster Ⅲ) 型运输机被空运到世界上的任何地方。

一旦解包，它们应该可以在没有基础支持设施的情况下执行特种作战任务。"死神"ER型（扩展航程版本）具有更宽的翼展，配有翼扰流板、四叶螺旋桨、重型起落架以及外部燃料箱，还配备了改进的燃料管理系统。

MQ-9A"死神"目前已在美国空军空战司令部的多个美国空军中队列装。美国空军特种作战司令部也装备了这种无人机。法国、西班牙、意大利、荷兰和英国等不同国家各自拥有不同配置的"死神"。

随着安全环境的演变，西方国家自觉面临来自同等实力国家的新挑战，无人机因而迅速在全球范围内普及。MQ-9"死神"一直在进行不断升级，以便能够应对越发激烈的竞争。这些升级包括改进传感器设备、增强命令和控制系统的抗干扰能力。新型开放式架构设计使"死神"能够集成新开发的有效载荷，以应对新出现的威胁类型。升级版还将搭载更广泛的武器选项。目前已安装反制设备吊舱以保护"死神"免受地对空导弹的攻击。

RQ-7"影子"

RQ-7"影子"（Shadow）是一种战术非武装飞机系统（TUAS），能够满足旅级作战团队（BCT）级别部队的多项任务要求，其中包括侦察、监视、目标捕获和部队保护。"影子"兼容多种雷达和地面控制系统。

"影子"无人机是为满足美国陆军对战场无武装空中系统的需求而开发的，于2002年开始投入使用。该机型采用传统的直单翼设计，配有固定机翼以及位于两根管状翼撑末端的倒V形尾翼。在主机身的后部装有一根后推式螺旋桨。机身下方配备一台安装在常平架上的光电和红外摄像机，可进行实时影像传输，该种摄像机具有数字技术层面的稳定功能。

RQ-7B"影子"的修订版具有经过改良的机翼，并且比原始版本更长。由于能够更有效率地使用燃料，这一版本还具有更长的续航能力。为应对在伊拉克地区遇到的发动机问题（高温和沙尘导致），改进的燃油喷射发动机配备了双火花塞。新式机翼还包括一些可以

2019年的某天，一架MQ-9"死神"正飞越内华达试验与训练场域执行训练任务。"死神"携带有两枚AGM-114"地狱火"导弹，能够对地面目标实施精确打击。

2019年11月间，在亚利桑那州尤马市美国陆军测试与评估司令部的美国陆军尤马试验场，一架通用原子公司的MQ-9B无人机正在进行展示。在加利福尼亚州二十九棕榈镇海军陆战队空地作战中心举行的海军陆战队空地特遣部队作战演习中，"死神"被用于执行情报、监视、目标获取和侦察任务。

RQ-7B"影子"规格

重量：75千克（165磅）

尺寸：长度3.41米（11英尺2英寸）；翼展3.4米（20英尺）

发动机：旋转活塞发动机

航程：735千米（457英里）

实用升限：4650米（14983英尺）

速度：207千米/小时（129英里/小时）

武器：不详

原产地：美国

制造商：航空工业集团公司

运营方：美国陆军、美国特种作战司令部、美国海军陆战队

首飞：1991年

携带弹药的挂载点。一套"影子"无人机系统包括四架飞行器、两套安装在高机动多用途轮式车（HMMWV）上的通用地面控制系统、四台单一系统公司（One System）的远程视频收发器、一台液压发射器、两台地面数据终端机，以及各种相关的卡车、拖车和支援设备。这些设备由一支运营"影子"无人机的排级单位管理，该排包括12名飞行器操作员、4名电子战维修人员和3名发动机机械师。

除了将信息传递回旅级作战团队外，"影子"还可以与AH-64"阿帕奇"（Apache）等有人驾驶飞机配合使用，实施前方侦察，最大限度地减少有人驾驶飞机的危险。

"影子"无人机系统在伊拉克和阿富汗都得到广泛使用，2019年3月，美国陆军提出了更换RQ-7B"影子"系统的请求。

MQ-1"捕食者"

MQ-1"捕食者"（Predator）是全球最有价值的遥控飞机之

一，这在世界各地的多个冲突区域已经得到验证。"捕食者"最初于20世纪90年代开发，用于持续空中侦察和前方观察，后来很快就开始装备武器装备，并在针对高价值目标的外科手术式打击中发挥了重要作用。"捕食者"不仅本身取得了成功，而且还是新一代武装无人机"灰鹰"和"死神"的设计基础。

"捕食者"的前部有一个凸起的球状区域，机翼垂直地从机身延伸出来，尾部每侧有一片朝向下方、大概与水平面呈45°角的稳定翼兼尾翼。为推进式螺旋桨提供动力的是一台罗塔克斯发动机，也位于机身后部。两片主机翼上均设有挂载点，用于携带弹药。可伸缩起落架包括一个前轮和位于机翼下方延伸支柱上的两个后轮。"捕食者"携带有一个多光谱瞄准系统，集成了一台红外传感器、彩色/单色日光电视摄像机、一台图像增强电视摄像机、一台激光指示器和一台激光照明器。

在设计上，"捕食者"作为一个系统，包括四架配备传感器和武器的飞机、一个地面控制站、一个主要卫星链路和相关备用设备。

"捕食者"MQ-1B规格

重量： 312千克（1130磅）

尺寸： 长度8.22米（27英尺）；高度2.1米（7英尺）；翼展6.8米（55英尺）

发动机： 罗塔克斯公司的91-4F型4缸发动机

航程： 1239千米（770英里，675海里）

实用升限： 4620米（25000英尺）

速度： 135千米/小时（84英里/小时，70节）

武器： AGM 114"地狱火"导弹

原产地： 美国

制造商： 通用原子公司

运营方： 美国空军特种作战司令部

首飞： 1994年

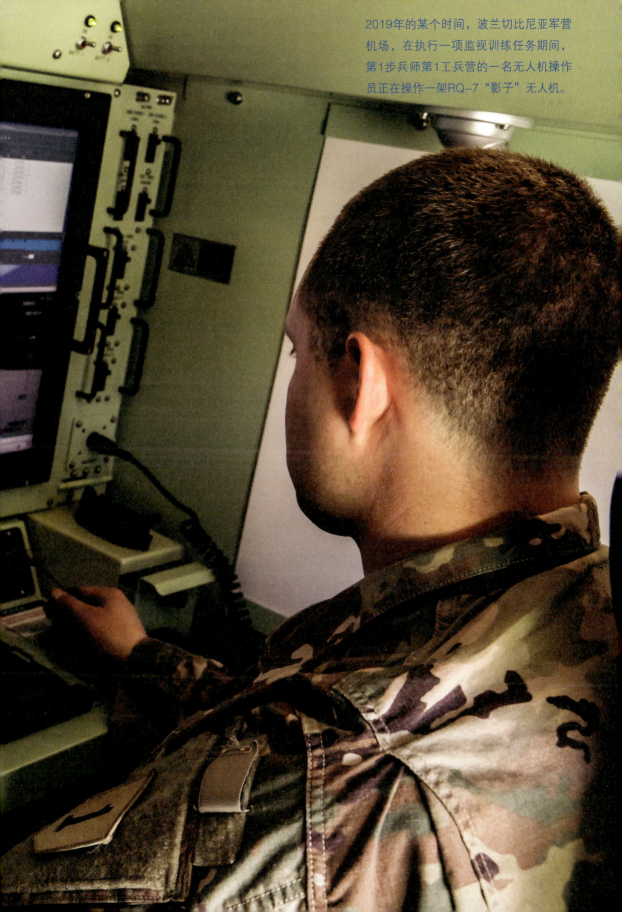

2019年的某个时间，波兰切比尼亚军营机场，在执行一项监视训练任务期间，第1步兵师第1工兵营的一名无人机操作员正在操作一架RQ-7"影子"无人机。

2011年的某个时间，在阿富汗赫尔曼德省海军陆战队营地，美国海军陆战队第3无人机中队的一架RQ-7B"影子"无人机正在从弹射器上发射出去。

2012年1月间，第163侦察联队的一架MQ-1"捕食者"飞越南加州物流机场。"捕食者"是一款划时代的无人侦察机和攻击机。

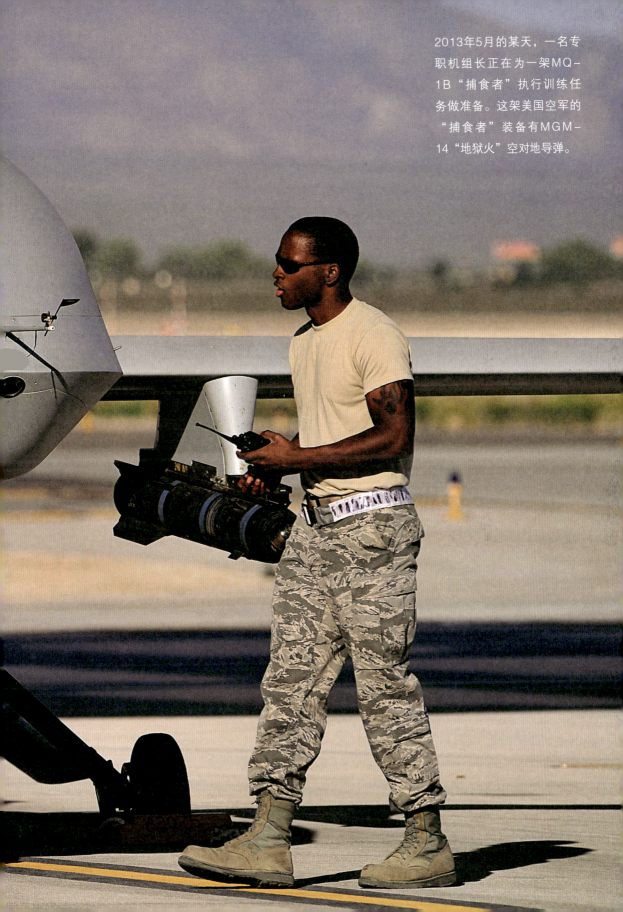

2013年5月的某天，一名专职机组长正在为一架MQ-1B"捕食者"执行训练任务做准备。这架美国空军的"捕食者"装备有MGM-14"地狱火"空对地导弹。

MQ-1"捕食者"的主要任务是对重要的、稍纵即逝的目标进行拦截和武装侦察。当MQ-1没有承担主要类型任务时，它们也执行侦察、监视和目标捕获任务，以支持联合部队指挥官的指挥工作。

"捕食者"无人机的飞行

　　RQ-1"捕食者"演变为武装 MQ-1 型版本，是武装战斗飞行器发展史中最重要的事件之一。甚至在 2001 年 9 月 11 日美国遭受恐怖袭击之前，RQ-1"捕食者"就已被部署到阿富汗追捕奥萨马·本·拉登。在一项名为"阿富汗之眼"的行动中，RQ-1"捕食者"自 2000 年 9 月 7 日起受命飞越阿富汗上空，该行动由美国国防部和中央情报局（CIA）的最高级别官员批准。美国军方和中央情报局的指挥官对"捕食者"收集到的影像的质量感到惊讶。这些影像中出现了一个高个子、穿长袍的男人，特征符合情报部门对于本·拉登的描述。他们很快就想到一个合乎逻辑的主意：如果"捕食者"能够让他们看到那个像奥萨马·本·拉登的人，那要是将"捕食者"无人机武装起来，他们不就可以对那个人进行打击了吗？

　　到 2001 年 2 月，"捕食者"已经装备 AGM-114C"地狱火"导弹并进行试验。这种武装"捕食者"被命名为 MQ-1 型以展现其新地位。当年 6 月，一架 MQ-1"捕食者"向本·拉登的塔尔纳克大院的模型发射了"地狱火"导弹，证明这样的打击将会获得成功。"捕食者"在阿富汗空域的侦察飞行一直持续到 9 月，但当时留给它们的时间已经不多。那个月发生的事件将永远改变世界，但也代表着新型空战到来的曙光。

"捕食者"可以被拆卸并装入一个集装箱中，然后运输到其任务地点。地面控制站也可以安装在 C-130 "大力神"（Hercules）飞机上。

按照美军的远程分散作战概念，一小队人员可以随"捕食者"系统前往作战区域，负责必要的起飞、降落和维护，而一旦飞机升空，任务的指挥与控制可以由美国本土的团队接管。"捕食者"目前由第 11 和第 15 侦察中队运营，迄今为止已在多个冲突地区部署过，包括波斯尼亚、阿富汗、巴基斯坦、伊拉克、叙利亚、伊朗、索马里、菲律宾和利比亚。"捕食者"参与过对基地组织武装分子的打击，还于 2002 年 3 月 4 日在塔库尔加尔战斗中摧毁了一处被"基地"组织武装分子占领的掩体，当时美国陆军突击队员在直升机遭袭并坠毁后，被敌军火力压制于此处。2014 年间，"捕食者"被派往伊拉克打击"伊斯兰国"（ISIS）武装分子。

从很多方面来说，"捕食者"MQ-1 型都是一款开创性的无人机。从坠机和其他任务反馈中吸取的教训促成了一些改进措施，例如采用除冰系统、更长的机翼以及更强大的涡轮动力和燃油喷射式发动机。这个修改后的版本被命名为 MQ-1B 型。"捕食者"被美国空军特种作战司令部广泛使用。第 3 特种作战中队是美国空军部队中配备"捕食者"无人机的最大中队。"捕食者"证明了一种中等大小、长航时的无人机携带精确制导武器的价值。"捕食者"所取得的技术进步随后会在它们的继任无人机（如"灰鹰"和"死神"）上得到巩固和进一步发展。

"捕食者" XP 型

"捕食者" XP 型是原始类型的"捕食者"无人机融合当前先进技术的修订版本，现已经由美国政府授权，可销售给包括中东、北非和南美洲地区在内的更广泛的客户群。XP 型可自动起飞和着陆，配备多种可选传感器，以及视距数据链路系统和用于在地平线以外区域行动的超视距数据链路系统。该型号还配有一种用于定位移动车辆的地面移动目标指示器（GMTI）。XP 型具有在陆地和海上行动的能力，所配备的海事用套件还包括海上广域搜索雷达

"捕食者"XP型采用最先进的技术，性能得到显著增强，凭借可迅速进入运行状态的性能而受到广泛认可。

（MWAS），以及一个用于识别海上船舶的自动识别系统（AIS）。

"捕食者"C型（"复仇者"）

这种喷气式无人作战飞行器（UCAV）专为执行中高空长航时任务而设计，任务范围包括陆地和海上的广域监视和打击。制造商声称，该型号的操作速度和飞行速度比"捕食者"B型系列飞机优异得多，拥有更快的响应速度和快速定位功能。然而，经过测试，美国空军得出的结论是，与"捕食者"B型相比，这种无人战斗飞机的性能提升尚不值得让军方对它们进行大批量采购。"捕食者"C型有多个挂载点以及一个可以携带精确制导弹药或附加传感器的内部武器舱。"捕食者"C型可以在敌方地对空导弹系统射程之外的预警位置使用远程传感器执行任务。"复仇者"ER型（增程型）在2016年推出，用于拓展这种无人机的攻击范围。

"捕食者"C型（"复仇者"）规格

重量： 最大起飞重量8255千克（18000磅）

尺寸： 长度13米（44英尺）；翼展20米（66英尺）

发动机： 普惠公司的PW54B型涡轮风扇发动机

飞行时间： 20小时

实用升限： 15240米（30000英尺）

速度： 740千米/小时（400节，460英里/小时）

武器： "地狱火"导弹，GBU-12/49激光和GPS定位炸弹，GBU-31、GBU-32、GBU-38联合直接攻击弹药，GBU-39小直径炸弹，GBU-16/48激光制导炸弹

原产地： 美国

制造商： 通用原子公司

运营方： 多方

首飞： 2009年/2016年（ER型）

"欧洲无人机"

"欧洲无人机"（Eurodrone）的英文完整名称为"European Medium Altitude Long Endurance Remotely Piloted Aircraft System"，意为"欧洲中空长航时遥控飞机系统"（MALE RPAS）。对应项目于2015年首次启动，旨在生产一种可用于长时段情报、监视、侦察和地面支援任务，并装备精确制导武器的无人机系统（UAS），目标是生产完全欧洲风格的飞行器和全套系统。该项目的开发委托给空中客车（Airbus）德国公司、法国达索航空公司（Dassault Aviation）、意大利莱昂纳多公司（Leonardo）和空中客车西班牙公司。"欧洲无人机"的全尺寸模型曾在2018年柏林航展上予以展出。这种飞机的外观呈流线型，前部有一个突起的区域，使其看起来像一架传统的有人飞机。机翼位于机身中部，配有一片垂直尾翼和两片支撑着两台涡轮螺旋桨发动机的水平尾翼。发动机与朝向后部的推进式螺旋桨配套提供动力。

"欧洲无人机"规格

重量： 最大起飞重量11000千克（24251磅）

尺寸： 长度16米（52英尺6英寸）；翼展30米（98英尺5英寸）

发动机： 两台阿维奥航空公司的"催化剂"（Catalyst）型涡轮螺旋桨发动机

飞行时间： 18～40小时

实用升限： 13700米（44900英尺）

速度： 500千米/小时（310英里/小时）

武器： 精确制导武器

原产地： 德国、西班牙、法国和意大利

制造商： 空中客车德国公司、空中客车西班牙公司、达索航空公司、莱昂纳多公司、阿维奥航空公司

运营方： 德国、西班牙、法国和意大利

首飞： 2016年

"捕食者"C型无人机。

2022年6月间，在勃兰登堡举行的
ILA国际航空航天展览会上展出的
一架"欧洲无人机"。

"欧洲无人机"采用模块化设计，具有执行多种任务的能力，包括情报、监视和侦察（ISR），以及目标锁定和武器攻击。

作为一个系统的"欧洲无人机"包括三架飞机和两个地面站。其设计目标是：一架飞机在空中执行任务，一架可随时准备起飞，而另一架则可以接受维护。每个参与该项目的国家目前都已分配到飞机、航空电子设备和通信系统的部件的生产任务。空中客车德国公司作为主要承包商，负责飞行管理系统、空域集成系统、起落架和地面控制站的建造。空中客车西班牙公司负责机身、飞行控制系统、发动机燃油系统和战术通信设备的生产。达索航空公司负责的是飞行和着陆系统。莱昂纳多公司负责生产机翼和机载任务系统。每套"欧洲无人机"系统通常配有五个基地站，以满足执行任务时的武器、额外燃油箱和其他设备需求。发动机由通用电气公司旗下的意大利阿维奥航空公司（Avio Aero）提供。

"法尔科" EVO 型

莱昂纳多公司制造的"法尔科"Evo 型（Falco Evo）是早前的"法尔科"无人机的增大版本，那种机型曾被销往巴基斯坦等国家。与其前身一样，"法尔科"Evo 型主要设计用于军事监视，但也可用于执行广泛的国土安全任务。

"法尔科"Evo 型是一款具有高续航能力的无人机，可以为战术用途提供持续的监视服务，并且可以在全天候条件下运营。凭借所拥有的多光谱监视能力，该机型可以在陆地或海洋环境下进行远程实时目标定位。

作为一个系统交付的 Evo 型，包括一个地面控制站、一台地面数据终端机（GDT）、一套地面支持设备（GSE）和三架配备根据客户要求定制设备的飞行器。

Evo 型携带的机载设备包括光电 / 红外激光测距仪 / 激光指示器、合成孔径雷达、无源和有源电子战设备、卫星通信设备及高光谱传感器和通信侦察设备。可选装备包括莱昂纳多公司的新一代传感器，如"海鸥 20"（Gabbiano 20）型多模监视雷达、P120SAR

型有源电子扫描阵列雷达（有源相控阵）、"鱼鹰"（Osprey）多模式有源相控阵雷达，以及由操作员要求配备的第三方传感器套件。Evo 型具有辅助和自动飞行管理、自动起飞和着陆以及自动区域监视功能。这使得这种飞机可以按预先计划的路线飞行，同时允许控制员在必要时手动干预。Evo 型还可用于将实时数据传递给小型前线部队单位。

"巡逻者" MALE 型

　　"巡逻者"（Patroller）是一种由法国萨基姆公司（Sagem）与德国斯泰莫公司（Stemme）合作为法国武装部队设计和制造的远程控制、中高空长航时无人飞行器。该机型于 2009 年在芬兰首次试飞，并在同年的巴黎航空展上展出。"巡逻者"的设计以斯泰莫公司的 S-15 型动力滑翔机为基础，具有坚固的机身结构，发动机位于机身前部，负责驱动机头螺旋桨。机翼位置较高，并且上面设有用于额外载荷（包括武器）的挂载点。在细长的蜻蜓式后部机身

"巡逻者" MALE型无人机规格

重量： 750千克（1653磅）

尺寸： 长度8.52米（28英尺）；翼展18米（59.1英尺）；高度2.45米（8英尺）

发动机： 罗塔克斯公司的114 F2型发动机

航程： 4000千米（2485英里）

实用升限： 6000千米（20000英尺）

速度： 199千米/小时（124英里/小时）

武器： AGM-114 "地狱火" 导弹、激光制导火箭

原产地： 法国

制造商： 萨基姆公司

运营方： 法国武装部队

首飞： 2009年

2017年在迪拜航展上展出的一架"法尔科"Evo型无人机。在这架无人战斗机被揭开的正面，可以看到它的卫星通信系统。

"巡逻者" MALE型无人机。

部分的末端，有一个传统类型的 T 形尾翼。这款飞机的螺旋桨由一台罗塔克斯公司的发动机提供动力，并配备了可收放的三轮起落架。

"巡逻者"按照预期用途分为三种型号。"巡逻者"R 型主要用于执行情报、监视、目标获取、侦察和战损评估任务。该型号的两个机翼挂载点用于携带附加油箱。"巡逻者"S 型主要用于空中监视。这类任务可能包括边境和海岸监视、搜索与救援（SAR）以及执法。该型号配备有一台机载监视雷达。"巡逻者"M 型专为海上作业而设计，由法国海军所使用，该型号配备有海上巡逻雷达。

"巡逻者"具有低雷达信号、低热量和低听觉信号特征的特点，并配有一种安静的发动机。该款式飞机配有自动起飞和着陆系统，在与地面控制系统通信发生任何故障的情况下，可以自动安全返回基地。

"巡逻者"配有一套全球定位系统（GPS）、惯性导航系统（INS）、高分辨率彩色光电摄像机、三重航空电子设备和一套激光遥测系统。该类型还装备着 Eurofit 410 型光电和红外传感器。此外，还携带着一台敌我识别（IFF）应答器和一台激光指示器。合成孔径雷达可以用于提供数字地形海拔数据（DTED）。"巡逻者"可以携带洛克希德·马丁公司的 AGM-114"地狱火"空对地导弹或激光制导火箭。

"旗手" TB2 型

"旗手"TB2 型是一款中空长航时无人战斗机。TB2 型既可以执行情报、监视和侦察（ISR）任务，也可以执行武装攻击任务，是同类型中最重要和最成功的无人机之一。TB2 型采用融合的空气动力学外形，配有平直机翼和倒 V 型的尾翼。所配用的汽油发动机位于机身后部，驱动两叶可变螺距推进式螺旋桨。机身下方有一个陀螺仪稳定的常平架，用于搭载光学设备。每个机翼下有两个挂载点，可携带四枚激光制导智能弹药。TB2 型采用模块化设计，机翼和水平尾翼可作为单元部件予以拆卸。机身和机翼主要由碳纤维复合材料制成。

对页图：赛峰集团（2005年由斯奈克玛公司和萨基姆公司合并而成）的"巡逻者"无人机机身上的一个徽标，摄于2013年6月间巴黎航展第二天。

"旗手"TB2型规格

重量：最大起飞重量650千克（1433磅）

尺寸：长度8.5米（27英尺10英寸）；翼展12米（39英尺4英寸）

发动机：105马力汽油发动机

飞行时间：27小时

实用升限：5400～7600米（18000～25000英尺）

速度：220～130千米/小时（70120节）

武器：4枚激光制导智能弹药

原产地：土耳其

制造商：拜卡公司

运营方：土耳其、乌克兰、阿塞拜疆、巴基斯坦

首飞：2014年

TB2 型无人机系统由六架飞行器、两个地面控制站、三台地面数据终端机、两台远程视频终端机（RVT）和一些地面支持设备组成。移动地面控制站可以安装到一辆卡车上，部署到行动前沿区域。这个控制站符合北约航空通信电子设备Ⅲ级（NATO ACE Ⅲ）避难所标准，内部配有空调和核生化（NBC）防护设备。

TB2 型曾在土耳其内部冲突，以及发生在利比亚、叙利亚、纳戈尔诺－卡拉巴赫和乌克兰等地区的战事中投入使用。TB2 型在这些过程中摧毁了一些坦克、多管火箭发射系统、地对空导弹阵地和其他装备，对所有冲突都产生了重大影响。改进版本 TB2S 型配备了卫星通信系统，以减少受敌方干扰的可能性。

"鹰"300 型

"鹰"300 型（Sokil-300）是一种无人战斗机（UCAV），能够执行情报、监视和侦察任务以及作战任务。该类型在机身顶部有

平直机翼和倾斜设置的水平稳定面尾翼，在机身下方有一片垂直尾翼。发动机位于机身后部，用于驱动推进式螺旋桨。机头下面有一个常平架，上面装有摄像头和传感器。机翼下方有四个挂载点，可以携带导弹。

"斑鸠"

"斑鸠"（Horlytsia）是乌克兰生产的第一种无人战斗机（UCAV），设计用于补充运营的 TB2 型"旗手"无人机机队。"斑鸠"具有目视光电空中侦察、通信保障、目标定位、地面移动目标定位跟踪以及直接战斗攻击等能力。每套"斑鸠"系统由四架无人机、一个地面控制站以及运输设备和备件组成。它的设计采用圆柱形机身，配有一片位置很高的平直机翼。双翼撑向后延伸，并由两片内倾的尾翼连接在一起。发动机位于机身后部。该种无人机配有一种固定式三轮起落架。该种无人机配备光电红外传感器，具有自动跟踪和瞄准功能。它们的每片机翼下方都有一个挂载点，用于携带弹药。

猎户座" E 型 / "猎户座"

"猎户座"（Orion）是一款中高空长航时无人飞行器，主要生产了一种侦察和出口用版本（"猎户座" E 型），以及一种供俄军方使用的武装作战版本［"猎户座 - 慢行者"（Inokhodets）型］。"猎户座"与美国的"捕食者"很类似。它有一个细长的机身，配有平直机翼和倾斜的水平尾翼。发动机位于机身后部，负责驱动推进式螺旋桨。武装版本的每片机翼下都有两个挂载点，用于携带弹药或制导导弹。它们都配有一个不可伸缩的三轮式起落架。"猎户座"具有信号侦察和通信侦察能力，还具备目标激光指示功能，并配备有地面移动目标指示器。"猎户座"能够指引和定位地面雷达。2019 年，"猎户座"无人机在叙利亚的行动中进行了作战测试。2020 年，"猎户座"无人机开始交付给俄武装部队。

"旗手" TB2型无人机。

一架"鹰"300型重型远程无人攻击机，摄于2021年国际武器与安全展。

2019年3月，在赫梅利尼茨基军事基地试飞时出现的"旗手"TB2型无人机。

AN-BK-1型"斑鸠"无人机由安东诺夫国有企业（Antonov）为基辅的乌武装部队开发。

蛇岛攻势

在冲突的最初几个月中，乌"旗手"TB2型无人战斗机在对抗俄坦克、装甲车和自行火炮时取得重大成功。乌海军还有效地使用它们对黑海和敖德萨港附近以及多瑙河口蛇岛的俄海军装备进行过打击。乌海军拥有比乌空军更先进的"旗手"TB2型版本。该版本在外观上可以通过所配备的三叶螺旋桨辨识，此外，该版本还搭载了一台更先进的红外摄像机，用于夜间操作，增加的设备还包括一台GPS-ONSS型抗干扰天线。TB2型携带着一枚NAM-C型或更大、更强的NAM-L型超轻激光制导滑翔炸弹。

在蛇岛周围的行动中，"旗手"TB2型无人机对俄的装备进行过多次成功的打击。2022年5月2日，乌海军所属的TB2型攻击并摧毁两艘俄"猛禽"（Raptor）突击艇。5月6日，TB2型摧毁岛上的一套俄SA-15型防空系统，使乌空军的苏-27型"侧卫"（Flanker）战斗机能够攻击岛上的俄阵地。后来，俄军准备通过补给船把替换的SA-15系统运到岛上，但TB2型在补给船卸货时毁掉了那套系统。5月8日，俄军试图用直升机向岛上运送增援部队，一架TB2型在部队离开飞机时炸毁了那架米-8"河马"（Mi-8 HIP）直升机。在此期间，另外两艘俄突击艇也遭到TB2型的攻击。TB2型对防空系统的打击能力很强，使用传统雷达防御系统定位来对抗和打击小型、低空飞行的TB2型非常困难。

"猎户座"E型/"猎户座–慢行者"型规格

重量：最大起飞重量1150千克（2335磅）

尺寸：长度8米（26英尺2英寸）；翼展16米（52英尺5英寸）

发动机：不详

航程/续航时间：250千米（160英里）/24小时

实用升限：7500千米/小时（4660英里）

速度：120千米/小时（75英里/小时）

武器：激光制导反坦克导弹

原产地：俄罗斯

制造商：喀琅施塔得集团

运营方：俄罗斯武装部队

首飞：2016年

"阿尔蒂乌斯"

"阿尔蒂乌斯"（Altius）是一款中高空、长航时的无人作战飞行器（MALE/UCAV），用于执行侦察、武装打击和电子战任务，目前装备在俄空军和海军。"阿尔蒂乌斯"是一款相对较大的无人机，由两台涡轮螺旋桨发动机提供动力，每片机翼上各有一台。其尾翼是倾斜的。它们可以携带空投或空射弹药，包括精确制导弹药（PGM）、导弹和炸弹。

拜卡公司的"游骑兵"

这款"游骑兵"（Akinci）是一种无人战斗机，能够实施情报、监视和侦察任务，也可执行作战任务。这种无人机还能够支持有人驾驶战斗机的作战。它们配备双重卫星通信系统和空对空雷达，还配有电子战支持系统、防撞雷达和合成孔径雷达。该型号可以携带各种有效电子载荷，包括同时光电/红外/激光指示器、多模式有

"猎户座"E型无人机系由喀琅施塔得集团（Kronstadt Group）AFK系统公司开发，图示照片摄于2019年莫斯科国际航空航天展。

拜卡公司的"游骑兵"规格

重量：最大起飞重量6000千克（2335磅）

尺寸：不详

发动机：不详

航程/飞行时间：7500千米（4660英里）/24小时

实用升限：13700米（45000英尺）

速度：不详

武器：智能弹药和导弹

源相控阵雷达和通信侦察设备。它们使用先进的人工智能技术来收集和处理来自机载传感器和摄像机的数据。"游骑兵"配备有四个挂载点，可携带激光制导智能弹药，例如 NAM-T 型、NAM-C 型和 NAM-L 型。该机型还可以携带远程防区外武器。地面控制站能够进行视距和超视距卫星通信。

土耳其航空工业公司的"矛隼"

"矛隼"（Aksungur）在技术上以土耳其航空工业公司（TAI）的"安卡"（Anka）系列无人机为基础，是土耳其航空工业公司生产的最大的中空长航时无人机。"矛隼"是一种适应性很强的无人机平台，可以针对不同的任务进行调整，可执行任务包括情报、监视和侦察、信号侦察、海上巡逻和攻击。"矛隼"可以执行大约24 小时的情报、监视和侦察或通信侦察任务，或大约 3 小时的海上巡逻或攻击任务。

在设计上，"矛隼"采用高位机翼，每片机翼下方都装有一台带三叶螺旋桨的涡轮螺旋桨发动机，发动机舱延伸到支撑后部水平尾翼结构的翼撑中。此外，机身上方还配有垂直尾翼和水平尾翼。三轮起落架可以在飞行中收起，以提高空气动力效率。每片机翼下方有三个挂载点，可以携带弹药或设备，例如用于海上巡逻的声呐

"矛隼"规格

重量： 1800千克（3968磅）

尺寸： 长度12米（39英尺4英寸）；翼展24米（78英尺9英寸）

发动机： 四缸涡轮增压活塞发动机

航程/飞行时间： 6500千米（4000英里）/60小时

实用升限： 12192米（40000英尺）

速度： 250千米/小时（160英里/小时）

武器： 制导导弹、火箭、小炸弹

原产地： 土耳其

制造商： 土耳其航空工业公司

运营方： 土耳其海军

首飞： 2019年

浮标。机头下方安装有可360°旋转的常平架。机载有效载荷包括光电、红外、激光指示器，以及激光测距仪、摄像机、合成孔径雷达、地面移动目标指示器、逆合成孔径雷达（GMTI- ISAR）传感器和各种空对地武器。海上应用有效载荷还包括一套自动识别系统、一个声呐浮标舱和一根容纳磁异常测量设备（MAD）的吊杆。通信有效载荷包括卫星通信设备、人员定位系统（PLS）、甚特高频（VUHF）无线电中继设备和机载通信模式吊舱。"矛隼"能完全自主行动，如果断开与地面控制站的通信，它们可以选择自动返航或以紧急着陆模式落到地面上。

土耳其航空工业公司的"安卡"

土耳其航空工业公司的"安卡"是一款中空长航时无人机，目前已生产三个主要版本。"安卡"A型主要设计用于执行情报、监视和侦察任务。"安卡"B型配备有一台合成孔径雷达和一个敌我识别（IFF）系统。"安卡"S型配备有军用电子工业公司（ASELSAN）

这种"游骑兵"无人战斗机
由土耳其的拜卡科技公司
制造。

土耳其航空工业公司的"矛隼"是一款中程无人战斗机，采用具有高度适应性的模块化设计。该机型分为三个版本，每个版本都有不同的任务重点。

"安卡"无人机长8.6米，翼展17.6米，是在土耳其航空航天工业公司位于安卡拉的大型超安全厂区中制造的。该厂区拥有400万平方米的机库。2021年时雇用10000名员工，其中包括3000名工程师。

这款最新版本的"寻找者"400型能够进行侦察、目标定位和电子侦察以及精确打击任务。

Seeker 400

的通用孔径目标定位系统（CATS）、前视红外雷达系统、一台飞行计算机和卫星通信设备。该类型还可以携带四枚罗克珊公司（Roketsan）的 NAM-L 型激光制导弹药。

在外形上，土耳其航空工业公司的"安卡"与"捕食者"和"死神"无人机相似。该机型采用管状机身，使用符合空气动力学原理的凸起机头。它们配有高位直翼和一对位于后发动机壳体两侧的向外倾斜的尾翼。发动机负责驱动一根推进式螺旋桨。机头下方有一个搭载光学设备的常平架。三轮式起落架是可伸缩的。

所有"安卡"系列无人机的有效载荷通常包括光电、彩色日间摄像机（EO day TV），光电、前视、红外 / 激光测距仪 / 激光指示器和观测相机，合成孔径雷达 / 地面移动目标指示器和逆合成孔径雷达。作为一个系统交付的"安卡"，包括三架飞行器、一个地面控制站、一台地面数据终端机、一套自动起飞和着陆系统、一套便携式影像处理系统（TIES）、一台远程视频终端机和一些地面支持设备。"安卡"可以按照预先编订好的程序执行任务，也可以实施自动起飞和着陆。

丹尼尔动力公司的"寻找者" 400 型

"寻找者"-400 型（Seeker-400）是已经实践检验的"寻找者"Ⅱ型无人机系统的进一步发展。它比"寻找者"Ⅱ型长 30%，并携带更先进的设备。该类型主要用于执行情报、监视和侦察任务，机翼下方设有挂载点，可用于携带武器或备用油箱。"寻找者"400 型可以在白天或夜间以及极端天气下运行。它们的飞行模式包括手动、自主飞行或设备控制模式飞行。

"寻找者"400 型的直接视距通信范围可达 250 千米（155 英里），可执行实时侦察、目标定位和指示、炮兵射击支援任务，也可实施电子侦察和电子支援任务。机载设备还可包括带有一台变焦镜头的彩色日光摄像机、一台激光测距仪、一台激光指示器、红外热成像仪、一台日间彩色或单色观察相机或一台夜间观察相机。该机型具有自动起飞和着陆功能。

作为一个系统交付的"寻找者"400型，可能包括四到六架无人机、一套任务控制设备（MCU）和一套跟踪及通信设备（TCU），以及执行特定任务的设备、现场支持设备、可选的备用任务控制设备和跟踪及通信设备。该系统可以搭乘两架C-130型飞机进行运输。

"亚班"联合40型

"亚班"联合40型（Yabhon United 40）是一种中空长航时无人机。该机型被设计用于进行情报收集、侦察和通信中继任务。它们能够支持包括特种部队任务在内的各种行动。"亚班"联合40型可以携带各种类型的弹药，并且可以对目标进行标识。该种无人机的轮廓呈S形，采用双翼构型。机身从球状的机头处开始逐渐变细，一直延伸至后部的大型垂直尾翼。三叶螺旋桨位于机身后部。机翼下吊舱中携带的弹药可能包括空对地导弹或哑弹或制导炸弹。海军版本的"亚班"联合40型可以装备声呐浮标并携带一枚轻型鱼雷。除了阿拉伯联合酋长国本身之外，还有俄罗斯、埃及和阿尔及利亚运行"亚班"联合40型。

下图：这款联合40型无人战斗机是专为执行海军作战任务而设计的。海军版本可以配备声呐浮标进行反潜战，还可以携带一枚鱼雷进行空对海打击。

F-ZWSR

按照设计，VSR 700型用于
装备护卫舰、驱逐舰和其他
海军舰艇，在载人直升机执
行反潜战（ASW）等任务
时提供支援。

4 垂直起降（VTOL）
无人机

拥有垂直起降（VTOL）功能的优势是显而易见的。垂直起降飞机可以在有限空间（例如没有跑道或海军舰艇甲板的区域）起飞和降落。然而，相对较大的载人直升机在悬停时很容易受到地面火力的攻击，即使对方拥有的只是火箭推进式榴弹（RPG）等相对简单的手持武器。由于受尺寸影响，有人驾驶直升机也更容易被敌方雷达发现。垂直起降无人机的尺寸比传统有人驾驶直升机更小，被敌方常规雷达探测到的可能性也相对较小。凭借半自主或完全自主驾驶的功能，垂直起降无人机还可以结合智能学习技术来扩展它们的操作性能和能力。

垂直起降无人机的另一个优势是，它们可以与有人常规直升机协同运作，以提高操作效率和扩大作业范围，使有人直升机在安全距离模式下操作，而无人机则行进到战斗空域或高风险区域，从而将机组人员的风险降至最低。现在的垂直起降无人机的海军版本已经能够从移动的舰船甲板上起飞和降落，并能适应恶劣天气条件，从而降低了操作员出错的可能性。

混合动力无人机

垂直起降飞机既有优点也有一定的局限性。它们无法达到固定翼飞机的速度，也无法达到与之相当的航程，还不具备通过滑翔能力来最小化燃料消耗的能力。

垂直起降飞机需要更高水平的维护，而固定翼飞机，根据尺寸不同需要有跑道或弹射器之类的初始推动系统支持。随着混合动力技术的进步，目前已经能够利用两种飞机类型的优势，发展出这样一种无人飞行器：它们可以从有限空间垂直起飞，然后过渡到传统的前向飞行。正如本章所述，目前这类无人机已有多种型号，其中一些包含用于垂直升降扩展功能的小旋翼和用于向前飞行的主旋翼。混合动力型无人机对于执行秘密任务的小型部队（如特种部队），特别有用。这种无人机具备垂直起降的能力，降低了它们在森林或城市环境中受到敌方部队威胁的潜在风险。

MQ-8B 型 /MQ-8C 型 "火力侦察兵"

　　MQ-8B 型和 MQ-8C 型 "火力侦察兵"（Fire Scout）无人驾驶直升机都通过了美国陆军和美国海军的测试。这两种系统的区别在于飞行器设计。MQ-8B 型在设计上以斯瓦泽公司（Schweizer）的 333 型载人直升机为基础，而 MQ-8C 型则是以贝尔公司（Bell）的商用 407 型直升机为基础。MQ-8B 型的斯瓦泽式机身由罗尔斯-罗伊斯公司（Rolls-Royce）的 250 C20W 型发动机提供动力。

　　美国陆军和美国海军对这些系统的态度时冷时热，总在变化。最初，美国海军对这种飞机缺乏兴趣，而美国陆军对它们的兴趣却不断增加，但美国陆军后来又得出结论，RQ-7 "影子"能更好

MQ-8B "火力侦察兵"规格

重量：940.3千克（2073磅）

尺寸：长度9.6米（31.5英尺）；高度2.9米（9英尺8英寸）

发动机：罗尔斯-罗伊斯公司的250型420马力发动机

飞行时间：40分钟

实用升限：3810米（12500英尺）

速度：157千米/小时（85节，97.8英里/小时）

武器：高级精确杀伤武器系统（APKWS）

原产地：美国

制造商：诺斯罗普·格鲁曼公司

运营方：美国海军

首飞：2006年

一架MQ-8B"火力侦察兵"无人机正在美国军舰"纳什维尔"（Nashville）号的甲板上演练自动着陆。

MQ-8B是"火力侦察兵"的较小版本，部署在美国海军的濒海战斗舰（LCS）上。它们可以在海上行动中与有人驾驶直升机一起行动。

这款MQ-8C"火力侦察兵"在设计上以贝尔公司的407型直升机的机身为基础。它们可以从具有航空服务能力的船舶和未铺筑的陆上着陆区自主起飞和着陆。

地满足自身的需求，而美国海军却在那之后重燃了对MQ-8B型的兴趣。

美国海军在MQ-8B型上安装了一种多任务海上雷达，并对这种机型携带的包括高级精确杀伤武器系统（APKWS）在内的武器性能进行了测试。美国陆军测试的MQ-8B型系统包括一台激光测距仪和标记器，"火力侦察兵"凭借它能够迅速准确地检测、定位、识别、跟踪和定位目标，还能进行战斗损伤评估。

"火力侦察兵"无人直升机项目重获新生，并于2006年首次在美国海军舰艇上成功着陆后，美国海军在濒海战斗舰上部署了"火力侦察兵"，以充分利用这种无人机的传感器套件在潜艇、情报和水面作战方面的价值。MQ-8B型无人机还被派到阿富汗执行情报、监视和侦察任务，并曾被部署到利比亚执行"联合保护者"行动。在那次行动中，曾有一架"火力侦察兵"无人机被亲卡扎菲的武装力量所击落。在很大程度上，这也证明了这种无人系统的价值，因为当时并没有造成人员伤亡。有两架MQ-8B因遭遇事故而损失，一架是在阿富汗境内执行任务期间，另一架是在海上降落到母舰的过程中。分析显示，其中一起事故是由于导航系统故障造成的，另一起事故是由于软件故障造成的。为了避免此类故障，有关单位引进了更严格的检查制度。

下一代MQ-8C的优点是机身更大，能够提供更长的续航，驻留时间超过10小时，航程达到241千米（150英里），有效载荷更大。MQ-8C型能在任何合适的船舶以及无保护的着陆点起降。

MQ-8C型上的传感器套件包括前视红外雷达系统公司（FLIR Systems）的"亮星"II（BRITE Star II）型（美军称为AN/AAQ-22D型）光电/红外和激光测距设备和目标指示器转塔，以及莱昂纳多公司的"鱼鹰"30型（美军称为AN12PY-8型）有源相控阵雷达。这赋予了"火力侦察兵"远距离和全天候的探测、跟踪和雷达成像能力，因而能执行态势感知、超视距瞄准，以及情报、监视和侦察任务。

对页图：一名英国士兵正在观察"狼蛛鹰"微型遥控飞行系统（RPAS）在阿富汗沙漠上空盘旋的情况。

绰号"猛禽"的第71直升机海上打击中队（HSM）的水兵们正在使用MH-60R"海鹰"直升机回收声呐浮标。

声呐浮标

　　世界各国海军正在装备越来越多的新型垂直起降无人机系统，它们的任务之一是使用声呐浮标进行潜艇探测。声呐浮标通常从飞机上放落、悬挂或拖在水中。声呐浮标筒被扔下水时，通常带有一副小降落伞来减缓下降速度，一旦落入水面，声呐浮标系统就会展开。然后，水听器传感器将下降到水面以下，而通信设备仍然漂浮在水面上，将信号转发给飞机。

　　有源声呐浮标会发出声能信号，并等待信号从固体物体（例如潜艇船体）反射回来。无源声呐浮标则是等待从潜艇发动机或任何其他物体发出的声音信号。在垂直起降无人机上布设声呐浮标的优点是，它们通常比有人驾驶直升机小，因此不太可能被敌方雷达发现，并且可以腾出有人驾驶直升机来执行其他任务。它们还可以降低海军船员进入复杂区域时的风险。

RQ–16 "狼蛛鹰"

　　"狼蛛鹰"（T–Hawk）这种垂直起降（VTOL）导管风扇小型无人机由霍尼韦尔公司（Honeywell）开发，最初属于一个由美国国防部先进项目研究局（DARPA）发起的项目，后来又被转移到美国陆军未来作战系统（FCS）项目中。它的双活塞发动机可提供足够的升力，使该种无人机能够达到 3048 米（10000 英尺）的高度和高达 128 千米 / 小时（80 英里 / 小时）的速度。但在实际操作中，"狼蛛鹰"主要以一种适用于小范围地区的"悬停和监视"模式使用，为它们的控制者提供感兴趣的物体和区域的影像。这类

左图：一级航空军械兵安东尼·佩蒂托正在将一个声呐浮标按进斜槽中。佩蒂托隶属于第62巡逻中队（VP-62），该部队驻地为美国佛罗里达州杰克逊维尔海军航空站。

RQ-16 "狼蛛鹰"规格

重量： 4.5千克（10磅）

尺寸： 宽度59.6厘米（23.5英寸）；高度46厘米（18英寸）

发动机： 56cc型水平双活塞发动机

实用升限： 3200米（10500英尺）

速度： 130千米/小时（81英里/小时）

武器： 不详

原产地： 美国

制造商： 霍尼韦尔公司

运营方： 美国陆军、美国海军、英国陆军

首飞： 2008年

任务可能包括拍摄路边的炸弹或穿过密闭空间的导航，应用范围可能在城市里，也可能是在乡村环境中。

2007 年，美国海军订购了 20 架这种无人机，由美国多军种爆炸物处理小组部署到伊拉克。装备它们的目的是在检查未爆炸装置时尽量减少人员面临的风险。次年，美国海军为其爆炸物处理大队订购了另外 272 架"狼蛛鹰"。美国陆军也订购了"狼蛛鹰"无人机，用于执行侦察、监视、目标捕获和激光指示任务，它们独特的悬停功能可以用于在视野有限的地形中为小型部队提供重要信息。尽管原本的设想是为旅级作战团队（BCT）配备"狼蛛鹰"无人机，但美国陆军后来改变主意并取消了订单。取而代之，他们订购了 RQ-20"美洲狮"。"狼蛛鹰"落选的原因之一是其发动机的高噪声水平，这可能会使无人机及其控制者面临风险。然而，在执行护航监视和路线清障这样的任务时，舰船或车辆的噪声可能会掩盖无人机的噪声。英国国防部订购过"狼蛛鹰"无人机，2010 年，英国陆军的反爆炸装置小组曾在阿富汗部署使用过这种无人机。

"鹬"式袖珍型四旋翼无人机系统

"鹬"式（Snipe）无人机系统能够执行近距离情报、监视和侦察任务，作为一种四旋翼便携式系统，它可以为操作人员提供在即时环境中做出战术决策所需的信息。"鹬"无人机可由个人操作员携带在腰带包内，具有与"黑黄蜂"无人机几乎相同的任务配置。

"鹬"配有四台电动机，负责驱动四组旋翼螺旋桨，由可更换的电池供电，所配备的动力足以支持 30 分钟以上的飞行。该种飞

高度便携的"鹬"式袖珍型无人机可由一名士兵快速发射，可在复杂的城市或野外作战中提供墙外或拐角处的即时视野。

"鹞"式袖珍型四旋翼无人机规格

重量：140克（4.9盎司）

尺寸：不详

发动机：4台电池供电发动机

航程：1千米（0.6英里）

实用升限：不详

速度：35千米/小时（21.7英里/小时）

武器：不详

原产地：美国

制造商：航空环境公司

运营方：美国陆军

首飞：2017年

行器由运行 Windows 7 型操作系统的加固平板电脑控制。这种无人机可以手动控制，也可以在全球定位系统（GPS）的支持下根据编好的程序进行航路点导航飞行。它们的飞行速度高达 55 千米/小时（34 英里/小时），并且具有非常低的噪声特征。"鹞"中的光电/红外线摄像头可提供实时视频，而超高频无线电设备则可实现出色的超视距通信。摄像机和传感器位于这种无人机前部的倾斜常平架系统中，倾斜设计的目的是为传感器提供最佳的视角。

VSR 700 型垂直起降无人机系统

VSR 700 型是一款多任务垂直起降海军用无人机，设计以"迅羊"（Cabri）G2 型有人驾驶轻型直升机为基础。2022 年时，作为法国海军的"海空无人机系统"（SDAM）项目的一部分，空中客车公司重新开发了该型无人机。自 2017 年以来，法国海军一直在采购该类型无人机。按照设计，VSR 700 型可用于现有的

VSR 700型规格

重量：760千克（1676磅）

尺寸：长度6.2米（19.6英尺）；高度2.28米（7.4英尺）；旋翼叶片7.2米（23.5英尺）

发动机：柴油或喷气动力柴油发动机

飞行时间：最长10小时

实用升限：6000米（20000英尺）

速度：185千米/小时（120节，115英里/小时）

武器：不详

"西北风"级两栖攻击舰，以及FD1型护卫舰和欧洲多任务护卫舰（FREMM）等。

VSR 700型的任务范围包括情报、监视、目标获取和侦察。它们还能借助一种由泰雷兹公司设计的模块进行反潜战。该款无人机还搭载有高性能的昼夜用摄像机和海事雷达。VSR 700型还可部署用于搜救任务，为幸存者投送可展开的救生艇。

VSR 700型可用于在开阔的区域活动，以扩大所属母舰的视野范围，及时识别新出现的威胁目标。VSR 700型拥有紧凑的尺寸和时尚的设计，可以与传统的有人驾驶海军直升机一起搭载在舰船上，也可以与它们一起运营，为有人驾驶飞机提供侦察和目标信息。

VSR 700型搭载的系统包括通信侦察设备、光电和红外传感器，以及一套自动识别系统。该机型还配备有空中客车公司的"甲板发现者"（DeckFinder）降落系统，可以更轻松地在活动的船舶的甲板上起飞和降落。

VSR 700型的可选用途包括渔业保护、打击走私者和一些其他形式的海岸监视任务。凭借可以持续留空长达10小时的能力以及低信号特征的特点，它们可为部队指挥官和情报分析人员提供极有价值的服务。

VSR 700型可以在船舶甲板
或陆地上自动着陆。能够进
行持续的监视行动。

这是一架"阿瓦赫罗"战术旋翼无人机（RUAV）。"阿瓦赫罗"可以执行范围广泛的海上和陆地战场任务。

"阿瓦赫罗"旋翼无人机系统

"阿瓦赫罗"(AWHero)旋翼无人机系统专为执行海上和陆地任务而设计,是一款功能极多的平台,可用于情报、监视、侦察和数据收集,以及反潜战和战斗支援。这种旋翼无人机系统还可用于执行排雷、防暴、部队保护和超视距通信中继任务。

该型飞机由一家在直升机制造领域以性能可靠享有盛誉的公司——莱昂纳多公司建造,"阿瓦赫罗"拥有一个良好的基础,并采用与传统有人驾驶直升机相同的安全标准,包括系统的冗余、高可靠性水平,以及配备三重冗余飞行控制和导航系统。

"阿瓦赫罗"的机头舱内安装有光电和红外转塔,用于识别、定位和跟踪陆地或海上目标。它们还可以传输高清视频和图像。配套设备可选范围包括合成孔径雷达、自动识别系统、电子支援设备、敌我识别系统、激光雷达定位探测系统和海事雷达。制造商声称,这种无人机装备有盖比亚诺公司(Gabbiano)的TS20型超轻型雷达,侦察覆盖区域比同等重量类别中装备光学传感器的无人机大四倍。

"阿瓦赫罗"的紧凑设计结构意味着它们可以轻松存放在海军舰艇机库中,也可以在有限的空间内运行。由于同属于一个战略同盟,莱昂纳多公司和诺斯罗普·格鲁曼公司向皇家澳大利亚海军供应了这种无人机。

斯凯达公司的 V-200 型

斯凯达公司(Skeldar)的V-200型是一款中程垂直起降无人机。这种无人机是由瑞士UMS航空公司和瑞典萨博公司(Saab)的合资公司斯凯达公司生产的。斯凯达式无人机主要设计用于监视、3D测绘、情报收集、电子战和轻型货物运输。它们能够自动起飞和着陆,所配备的二冲程重油发动机可以使用喷气机用A-1型、JP-5型和JP-8型燃料。模块化有效载荷可包括激光指示器、激光测距仪、光电和红外传感器、3D测绘和信号侦察设备。

这种无人机的控制站可以集成到军用地面车辆或舰艇的战斗管

斯凯达公司的V-200型规格

重量：最大起飞重量40千克（88磅）

尺寸：长度4米（13英尺）；翼展1.2米（3英尺11英寸）

发动机：希尔斯公司的重油并列双缸二冲程发动机

飞行时间：6小时以上

实用升限：3000米（9842英尺）

速度：140千米/小时（75节，86英里/小时）

武器：不详

原产地：瑞典

制造商：UMS航空集团、萨博公司

运营方：德国海军、荷兰海军、比利时海军、西班牙海军、印度尼西亚武装部队

首飞：2005年

理系统中。斯凯达式无人机可用于陆地或海上作业，并且可以轻松地在陆地或船舶甲板等各种表面上着陆。它们已被德国海军选择用于装备该军的 K130 型"布伦瑞克"级护卫舰。它们还被荷兰皇家海军和比利时海军订购，用于装备反水雷船只。加拿大皇家海军、西班牙海军和印度尼西亚武装部队也装备了斯凯达式无人机。

FVR-90 型无人机

FVR-90 型是一款采用混合四旋翼技术的垂直起降无人机系统。这种飞行器能够从地面或船舰甲板上垂直起飞再过渡到向前飞行。这种无人机因而拥有垂直起降飞机的灵活性和停靠占地面积较小的特点，也具有传统固定翼飞机的速度和航程。其主发动机位于机身后部，负责为推进式螺旋桨提供动力。

FVR-90 型配有一个模块化机头和两个机翼挂载点，为携带任务相关设备提供了多种选择。这些设备可包括威斯卡姆公司

斯凯达V-200型无人机是一款适应性很强的垂直起降无人机，能够执行监视、电子战、边境保护和反潜战任务。

（WESCAM）的 MX-8 型稳定多传感器、多光谱成像系统、光电和红外传感器系统以及中波红外（MWIR）摄像机。它们还可以携带激光测距仪和激光照明器。电子设备安装在一个四轴常平架上。

FVR-90 型可以通过安装有 Windows 操作系统的笔记本电脑或配备数据链路笔记本电脑的小型移动地面控制站进行控制。

马丁公司的 V-BAT 型无人机

V-BAT 型是一款采用定向风扇技术的垂直起降无人机系统。该类型无需跑道和设备即可进行发射和回收，可搭载到卡车中从而迅速运输到发射点，并能在不到 20 分钟内组装完毕。V-BAT 型可以在大风中起飞和降落，也可以充分利用自身停靠占地面积小的特点，在海上拥挤的舰船飞行甲板上运行。V-BAT 型是垂直发射而不是水平发射。一旦升到高处，V-BAT 型就能按照程序进行自动运行。

按照设计，V-BAT 型可装备各种满足任务需求的设备和传感器，包括光电 / 中波红外摄像机、自动识别系统和陆地 / 海上广域搜索设备。该系统的控制是借助一种名为"蜂巢思维"（Hivemind）的人工智能软件来实现的。该程序系统使得 V-BAT 型能够适应不断变化的条件和威胁，并独立做出最合适的选择。

美国陆军正在考虑将 V-BAT 型用作未来战术无人机系统

对页图：马丁无人机公司的 V-BAT 型无人机。

马丁无人机公司的V-BAT型规格

重量： 56.6千克（125磅）

尺寸： 长度2.7米（9英尺）；翼展2.9米（9英尺6英寸）

发动机： 苏特公司的TAA288型发动机

飞行时间： 10小时

实用升限： 6096米（20000英尺）

速度： 90千米/小时（56英里/小时）

武器： 不详

2020年4月，在堪萨斯州莱利堡，未来战术无人机系统性能评估会期间，一名隶属于美国陆军第1步兵师第1工兵营的士兵进行FTUAS能力评估时，正在启动一架"跳跃"20型的发动机。

（FTUAS），以取代 RQ-7"影子"。美国海军陆战队也对这种无人机进行过试用，海军版本目前也正在开发中。

航空环境公司的"跳跃"20型

"跳跃"20型（Jump 20）是一款中型无人机，由航空环境公司研制，能够从垂直起降过渡到以固定翼向前飞行。这意味着它们不需要跑道或任何形式的发射或回收装置。巧妙的设计包括从每片机翼上向前方和后方延伸的翼撑上的四台电动机，它们驱动小型螺旋桨以提供垂直升力。在机身前部，有一台汽油发动机驱动机头的螺旋桨进行水平飞行。一旦上升到一定高度，"跳跃"就会从垂直上升转变为前向飞行模式，机翼将在飞向目标作战区域时提供必要的升力。

"跳跃"系统设计简单，易于操作，可以在不到一小时内完成拆包、设置和飞行准备工作。一旦开始执行任务，"跳跃"可以使用多种传感器提供情报、监视、侦察信息。"跳跃"20型设计用于携带模块化且易于定制的设备包，以满足多种任务要求。标准设备包括 TASE 型陀螺仪稳定常平架搭载的光电和红外影像系统、可提供昼夜实时视频数据和进行目标跟踪的光电/红外摄像机、激光定位合成孔径雷达、通信中继器、3D 测绘传感器、电信侦察设备、信号侦察设备和标准导航灯。实时传感器数据可通过数据链路（L、S 或 C 波段）传输给操作员。装备的一台"皮科洛"自动驾驶仪可借助飞行控制处理器和机载传感器指挥这种无人机进行完全自主飞行。

作为"无限交付、无限数量（IDIQ）中航时无人机系统（MEUAS）"项目的一部分，"跳跃"20型被美国特种作战司令部采购。"跳跃"20型的独特品质使它们能够在各种战术场景中为特种作战团队提供增强的多传感器情报、监视、侦察服务。澳大利亚皇家海军近期也在考虑将该种无人机系统纳入自身的战术无人机项目。"跳跃"20型的垂直起降能力使它们非常适合在海军舰艇上运行。"跳跃"20型也是美国陆军未来战术无人机系统（FUAS）项目的竞争者。

潮流引领者

大量的"漫步B"（WanderB）和"雷霆B"混合动力垂直起降无人机已经交付给一支欧洲武装部队（未透露具体信息），这不仅仅是一笔创纪录的千万英镑级交易，也标志着这种小型和中型便携式无人机正在成为未来无人机的发展趋势。一些新型无人机交付给特种部队使用，凸显出混合动力垂直起降无人机的作战重要性。"漫步B"和"雷霆B"无人机系统具有操作灵活的特点，并可为特种部队和其他步兵操作员提供实时情报和态势感知能力。它们可以提供情报、监视、目标获取和侦察服务，这使得装备它们的特种部队能够跟上不断变化的现代战场形势的发展。

"漫步B"和"雷霆B"混合动力垂直起降无人机可单人携带且可快速部署，可在白天或夜间的行动中迅速投入使用。

德事隆集团的"航空探测"HQ型

"航空探测"HQ型（Aerosonde HQ）小型无人机系统（SUAS）采用混合动力四旋翼技术，可实现不依赖跑道的垂直起飞和着陆。这意味着这种无人机系统可以不需要任何其他辅助设备（除了控制站）就能实现部署。四名机组人员可以在20分钟内打开包装并发射出该系统。

由于拥有低视觉和低听觉信号特征，"航空探测"HQ型可用于秘密行动，以及远征或海上行动。它们拥有多种设备选项，包括合成孔径雷达、信号侦察设备、通信侦察设备、3D测绘设备，以及昼夜成像和语音通信中继功能的全动态视频设备。

"航空探测" HQ型无人机是一款起飞无需跑道的无人机，采用混合动力四旋翼技术实现垂直起降。

"木马"混合动力垂直起降无人机具有垂直起降能力，也拥有固定翼飞机的航程和速度，这些能力让它们的操作者具有一定的战术优势。

这种飞行器可以通过编程实现自主运行，起飞时操作员只需按一下按钮即可，然后，无人机将从垂直飞行转变为水平飞行，并继续执行它们的任务。这种无人机系统配有四组旋翼，它们位于从每片机翼向前和向后延伸的翼撑上，位于机身后部的一台莱康明公司的重油发动机驱动的推进式螺旋桨负责提供前进推力。

"雷霆 B"

"雷霆 B"（Thunder B）是一款垂直起降小型战术远程长航时固定翼无人机。垂直旋翼位于每片机翼下方的延伸部分，使得"雷霆 B"兼具垂直起降和传统滑跃起飞模式在速度和航程方面的优势。"雷霆 B"携带多种传感器，使它们能够执行情报、监视、目标获取和侦察以及通信任务。其有效载荷包括一台红外摄像机、一台日间摄像机和一台激光指示器。它们还可以携带用于获取高分辨率测绘影像的陀螺仪稳定摄影测量设备。"雷霆 B"型具有自动起飞和着陆功能，并且可以在恶劣天气下运行。该机型配有一个可迅速部署、便携易用且形式直观的地面控制系统。"雷霆 B"型具有低听觉、视觉、热量和雷达信号特征，使它们非常适合特种部队使用。

"木马"

"木马"（Trojan）是一种垂直起无人机，也能够进行常规的固定翼模式的飞行。从机身延伸出的翼撑上有四组垂直旋翼，主推进螺旋桨位于机身后部，用于前向飞行。"木马"具有情报、监视和侦察以及广域持续监视能力。"木马"的机身前部有一个光学套件舱，可以配备多种传感器。它们能够植入机载情报设备，以便能将信息更快速地传输给最需要的部队。"木马"通过无线电链路或卫星通信系统与地面控制站实施通信。地面控制站可由一名操作员控制，最多可负责运营四架无人机。"木马"的适应性和敏捷性使它们非常适合用于执行特种部队的任务。

"人民无人机" 1型垂直起降无人机规格

重量：最大起飞重量40千克（88磅）

尺寸：长度2.54米（8英尺2英寸）；翼展4米（3英尺1英寸）

发动机：61cc型二缸四冲程发动机

航程/飞行时间：100千米/小时（62英里/小时）/10小时

实用升限：3000米（9843英尺）

速度：140千米/小时（87英里/小时，76节）

武器：不详

"人民无人机" 1型垂直起降无人机

　　这种依靠网络众筹集资生产的小型垂直起降无人机系统可用于为前线的军队提供空中视野。这种无人机配有具备光电/红外功能的有效载荷，包括日间摄像机和热成像摄像机。它们可以以飞行员辅助或自主模式飞行。"人民无人机" 1型（People's Drone-1）垂直起降无人机通过机翼下延伸部分上的四组旋翼实现垂直升力。

下图：首款网络众筹生产的"人民无人机"。

2020年12月，在亚利桑那州美国陆军尤马试验场，一架XQ-58A"女武神"低成本无人机正在实施发射。

5 研发中的无人机
和无人战斗机

21 世纪前 25 年间，无人机数量和性能都在呈指数级增长，这标志着当前空战形式的变革。尽管无人机将继续执行重要的情报、监视和侦察任务，以及承担面向战略指挥官、前线部队或特种部队的针对性打击任务，但它们的发展前景目前已扩展到以前仅在科幻领域才能看到的空中战争形式。无人机现在可以以高超音速飞行，并且能够对航空母舰等战略设备造成致命打击。"忠诚僚机"（Loyal Wingman）的概念正在迅速发展，有人驾驶战斗机可以将攻击和防御委托给在它们旁边飞行的半自主无人机。忠诚僚机式无人机可以成为一种力量倍增器，并通过它们的机载传感器和武器系统扩大有人驾驶飞机的作用范围。"飞行导弹平台"（Flying Missile Rail）的概念设想是，由一架有人驾驶飞机控制能发射智能弹药的无人机群。

无人机概念的革命性程度可能取决于无人战斗机自主运行的程度，让它们实际上自行决定该攻击哪些目标。目前 MQ-9 型"死神"等无人战斗机的常规做法是由操作员设定目标，然后由无人战斗机在半自主模式或在人工引导下实施攻击。更高级的版本是操作员仅监督操作，而让无人战斗机自主执行任务。

高级无人战斗机的开发逻辑，与有人驾驶战斗机的开发逻辑是一样的。随着新一代有人战斗机的技术变得越来越先进和复杂，它们的价格也越来越昂贵，甚至大国也倾向于尽量减少购买。在这种情况下，无人机的力量倍增效应就变得更加重要，因为它们可以用相对较低的成本填补飞机数量的缺口。相对于有人驾驶飞机，无人机的制造成本较低，部分原因是它们无需配备用于保护人类飞行员所需的机载安全系统。

MQ-9 型的下一代

MQ-9"死神"是最当今最具标志性和最为著名的无人战斗机之一。作为某类武装分子的克星,它们多年来对众多地面目标进行过外科手术式打击。经历过战况激烈的秘密行动后,MQ-9 型"死神"进行了升级,以适应正在变得更加复杂的作战场景,但在美国空军中,不可避免地出现"未来应该用什么系统来替代它们"的问题。美国国防工业的一些大公司已经响应美国空军的这一意向请求,其中包括 MQ-9"死神"的制造商通用原子公司、洛克希德·马丁公司、诺斯罗普·格鲁曼公司、波音公司和克拉托斯公司(Kratos)。通用原子公司已经提出一种喷气动力的隐形无人机概念设计。

洛克希德·马丁公司提供了一种隐形飞翼类型设计,该设计未来将调整并适应美国空军的需求,而诺斯罗普·格鲁曼公司的飞翼类型设计类似于美国海军的 X-47B 型。截至本书成篇时,波音公司和克拉托斯公司的设计仍处在酝酿状态中。未来无人机设计的考虑因素包括适应性、生存能力和财务负担能力。承包商们还考虑了采用多系统方法的可能性,设想总系统中包括一个高端系统以及多个较小的、可消耗的飞行器系统。这类新型无人机可能会有更强的自主性,整合人工智能和机器学习能力。这类系统可能具备空对空作战的能力,以及拦截弹道导弹发射或击落来袭的巡航导弹的能力。

贝尔公司的"警惕"V-247 型倾转旋翼无人机

"警惕"V-247 型(Vigilant V-247)将直升机的垂直升空能力与传统固定翼飞机的速度和航程相结合。这种无人机设计用于进行持续的监视和作战。由于拥有垂直升空能力,它们可以在海军舰艇以及陆地上的有限区域内运行。它们具有执行电子战、情报、监视和侦察任务的能力,也能借助即插即用任务包实现指挥、控制、通信和计算机(全称"C4")功能。开放式架构下的模块化有效载

2014年的某个时间，在佛罗里达州赫尔伯特机场，一名来自卡农空军基地的美国空军士兵正坐在一架MQ-9"死神"的控制模块前方。下一代多用途无人战斗机将在未来的空中作战中发挥越来越重要的作用。

这是一张洛克希德·马丁公司的F-22"猛禽"战斗机和三架忠诚僚机式无人机的绘画概念图。

忠诚僚机

"忠诚僚机"一词描述的是一种波音公司和其他航空航天公司开发的空中力量集群系统，在这种机群中，有人驾驶飞机与集群无人机相伴而行，并绑定了相同的任务参数。该概念属于美国空军研究实验室开发的"天空机器人"（Skyborg）项目的一部分。该项目遵循的逻辑是，随着生产高科技载人战斗机的成本不断上升，首先将会导致它们的数量减少，同时也会造成它们的潜在损失所造成的影响增大。军事研究人员计划通过将半自主无人机与有人战斗机结合起来的方法，降低空军总体运营成本，同时增强空军的战斗力。

由于成本较低且没有人类飞行员，忠诚僚机式无人机被描述为"可消耗的"，也就是说它们的损伤或损失是可接受的，且不会造成巨大的财务或战术影响。虽然忠诚僚机仍将处于"母机"飞行员或副驾驶的控制之下，但它们也将拥有足够的自主权和任务信息来独立执行任务，无论是保护有人战斗机免受攻击，还是使用它们的机载传感器提供信息或进行前方侦察，以识别并在必要时摧毁敌方雷达或地对空导弹阵地，从而为有人驾驶飞机开辟出一条干净的走廊。"天空机器人"项目目前已取得巨大成功，大大小小的众多航空航天公司现在都在生产有望成功的忠诚僚机式无人机并接受高级测试，不久的将来它们肯定会承担团队任务。

V-247型 "警惕" 规格

重量：7257千克（15990磅）

尺寸：翼展20米（65英尺）

发动机：不详

航程：2500海里

实用升限：7620米（25000英尺）

速度：555千米/小时（300节，345英里/小时）

武器：MK-50型鱼雷、"地狱火"导弹或JAGM型联合空地导弹

原产地：美国

制造商：贝尔直升机公司

运营方：不详

首飞：2019年

荷使得这种无人战斗机能够根据任务需求来定制装备。

该机型可搭载高清影像传感器、光探测与测距（激光定位器）模块、声呐浮标和360°表面雷达模块。它们可以装备MK-50鱼雷、"地狱火"或联合空地（JAGM）导弹。

XQ-58型 "女武神"

"女武神"（Valkyrie）这款隐形无人战斗机（UCAV）是由克拉托斯公司设计的，目的是响应美国空军的"低成本可损毁打击示范"（LCASD）项目。它们的作用是在战斗任务期间为F-22或F-35高级战斗机提供忠诚僚机护航任务，可以单独出动或作为无人机群的一部分出动。它们将携带自己的监视载荷和武器系统，并在必要时为有人驾驶飞机提供保护，包括吸收敌方火力并进行危险领空的侦察任务。它们被设计用于高速和长距离飞行，并将在内部炸弹舱和机翼挂载点上携带武器。该机型的速度马赫数约为0.9，能够在

贝尔公司的"警惕"V-247型无人机既可以在海军舰艇上远行，也可以在陆地环境中飞行。

2021年3月，在美国陆军尤马试验场的一次测试中，一架XQ-58A"女武神"无人机展示与ALTIUS-600型小型无人机系统的分离过程。此次测试是"女武神"首次公开飞行。

15240 米（50000 英尺）高度运行。克拉托斯公司的这种产品目前
已经被纳入美国空军的"天空机器人"项目，证明与高端有人战斗
机密切合作的自主无人系统现在已经成为现实。

XQ-58型"女武神"规格

重量：1134千克（2500磅）

尺寸：长度9.1米（30英尺）；翼展8.2米（27英尺）

发动机：涡轮喷气发动机/涡轮风扇

航程：5600千米（3500英里）

实用升限：14000米（45000英尺）

速度：882千米/小时（548英里/小时）

武器：外部和内部精确制导炸弹

原产地：美国

制造商：克拉托斯防务和安全解决方案公司

运营方：美国空军

首飞：2019年

MQ-28 "灵蝠"

MQ-28 "灵蝠"（Ghost Bat）无人机是波音公司的"空中战力协同系统"（Airpower Teaming System）项目的产品之一，是与澳大利亚皇家空军合作创造的产物。作为一款隐形多用途无人机，该系统设计用于充当一种可使空中力量倍增的航空系统。它们将能够与有人驾驶飞机一起飞行，搭档机型包括澳大利亚皇家空军的F-35A、F/A-18F、E-7A 和 KC-30A，可借助人工智能实施支援或自主执行任务。MQ-28A "灵蝠"具有模块化的特点，这使得它们能够根据任务要求更换整个机头部分。这款无人战斗机系统已在澳大利亚设计定型和生产，澳大利亚皇家空军已订购六套，预计该批次完成生产的日期为 2025 年。

"天居者"

"天居者"（Skydweller）这种中空长航时无人机是由有人驾驶"太阳能动力"2 型（Solar Impulse 2）飞机发展而来。该机型装有光伏电池，可在飞行过程中收集太阳能，为无人机提供无限的续航力和航程。所搭载的情报、监视和侦察有效载荷使得"天居者"能够执行广域和持续的监视任务。

上图：MQ-28型"灵蝠"多用途无人机由波音澳大利亚公司开发，设计定位为一个团队系统的成员，将作为忠诚僚机类型的力量倍增器与有人驾驶飞机一起运行。

据说是2022年1月在埃塞俄比亚北沃洛被无人机摧毁的一辆坦克。发生在非洲、中东和东欧的冲突表明，无人机空对地打击的效果正在日益增强。

机动部队保护

国防研究的性质决定，虽然可以将资源投入到寻找和摧毁对手的技术上，但同时仍必须寻求那些可以保护友军的防御手段。无人机技术的指数级增长使常规部队（例如常规车队）面临来自一些自导小型无人机系统（sUAS）攻击的风险。这些无人机可能会突然成群出现，凭借数量优势压倒标准军用车辆（例如高机动性多用途轮式车辆）配备的常规防御系统。这就需要设计一些新系统来监测此类攻击，在敌方仍然处于足够远的距离时发现它们，并在它们造成伤害之前将其消灭。所有无人机技术研发都有一个共同点：对于那些可以造成伤害的技术，必须开发出"解毒剂"。

缩尺复合体公司的 437 型

437 型是一种忠诚僚机式无人机项目，属于美国空军"天空机器人"项目和英国皇家空军"蚊蚋"项目的候选者之一。437 型由诺斯罗普·格鲁曼公司的子公司缩尺复合体公司（Scaled Composites）所开发，可能达到飞行速度马赫数 0.6 和 7600 米（25000 英尺）的升限。

航空航天系统公司的"岩浆"

航空航天系统公司（BAE）的"岩浆"（Magma）无人机是该公司和曼彻斯特大学共同设计的一个技术开发项目。该项目探索使用超音速吹送空气取代飞机上传统移动飞行控制面，以此获得技术上的优势。更换为这种动态表面的一个优点是，边缘的平滑和缝隙的填补可增强飞机的隐身性能。该款飞行器重量极轻，质量可靠，活动部件很少，并且运行成本很低。飞机的控制是通过推力转向来实现的。"岩浆"采用飞翼箭头形态的设计，目前的设计形态包括向外倾斜的垂直尾翼，但这些设计可能会在未来充分完善的版本中被取消。

航空航天系统公司的"雷神"

"雷神"（Taranis）属于一个英国无人战斗机开发项目，该机型可以执行跨洲际任务，实施持续监视、情报收集、目标定位和战斗打击任务。"雷神"无人机采用隐形技术，最大限度地增强了执行任务时不被敌方发现的能力。隐形设计包括低轮廓的飞翼设计、特殊的外观涂层、最小的结构突出和对发动机排气的遮蔽。"雷神"还能够实现高度自主驾驶，根据不断变化的任务参数独立做出决策。"雷神"是航空航天系统公司、罗尔斯–罗伊斯公司、通用电气航空系统公司、奎奈蒂克公司和英国国防部一起进行的合作项

"雷神"规格

重量：不详

尺寸：长度12.43米（40英尺9英寸）；高度4米（3英尺1英寸）

发动机：罗尔斯–罗伊斯公司的"阿杜尔"涡轮风扇发动机

航程/飞行时间：不详

实用升限：不详

速度：超音速

武器：制导导弹

原产地：英国

制造商：航空航天系统公司

运营方：不详

首飞：2013年

目。英国航空航天系统公司的子公司综合系统科技公司（Integrated Systems Technologies）负责提供计算机、指挥和控制、通信、情报、监视、目标获取和侦察（简称"C4iSTAR"）任务系统。"雷神"具有与"鹰"式教练机和"台风"（Typhoon）战斗机类似的开放系统架构。航空航天系统公司为其开发的影像收集和处理（ICE）系统能够自主收集和分发高质量图像。"雷神"的制造也吸取了先前的"茶隼"（Kestrel）、"渡鸦""科莱克斯"（Corax）、"赫蒂"（HERTI）无人机项目的经验。

达索公司的"神经元"

这款实验性无人作战飞行器由达索航空公司主导，希腊、意大利、西班牙、瑞典和瑞士的航空航天领域企业联合参与开发。该机型将是一款隐形、自主运行的无人作战飞行器，可在中高威胁的作战区域内运营。

上图："雷神"在建造中采用了隐形技术，以尽量减少可被雷达扫描的轮廓面积。

"神经元"（nEUROn）采用三角翼形状，由一单台罗尔斯－罗伊斯公司／透博梅卡公司（Turbomeca）的"阿杜尔"MK951型喷气发动机提供动力。它具有梯形进气口和可减少雷达探测信号反射的排气装置。武器存放在武器舱内部。该空中系统的尺寸与"阵风"（Rafale）等传统类型的战斗机相似，速度马赫数可达0.8。

拜卡公司的TB3型

拜卡公司的TB3型是拜卡公司TB2型的改良版和功能增强版。它们的载荷要比TB2型更大，并且采用可折叠机翼，可在海军航空母舰甲板等有限空间内使用。TB3型将配备多达6个挂载点用于携带武器，其中包括各种精确制导弹药。按照设想，这种无人机将在土耳其海军计划新建的航空母舰"阿纳多卢"（Anadolu）号上使用。

拜卡公司的"红苹果"

拜卡公司"红苹果"（Kizelilina）的研发属于"无人战斗机系统"（MIUS）项目的一部分，这种无人战斗机准备用于在土耳其海军航空母舰"阿纳多卢"号上执行作战任务。这种无人战斗机系

拜卡公司的"红苹果"规格

重量： 最大起飞重量6000千克（12228磅）

尺寸： 长度14.7米（48英尺3英寸）；翼展10米（32英尺10英寸）

发动机： 涡轮风扇发动机

航程： 930千米（578英里）

实用升限： 14000米（45000英尺）

速度： 735千米/小时（467英里/小时）

武器： 制导导弹或炸弹

统将是第五代战斗机系统，设计目的是与其他国家生产的类似概念类型相竞争。目前"阿纳多卢"号已经被设计为一种可搭载攻击型无人机的平台，适配机型包括拜卡公司的 TB3 型在内，该航空母舰最多可搭载 80 架无人机。这种无人战斗机系统将会具有很强的适应性，极其灵活，并且能够进行短距离起降。该机型的预计飞行速度马赫数可达到 0.8 及以上，续航时间可达五小时。这种无人战斗机系统将根据行动需求配备空对空导弹、巡航导弹或制导弹药，计划于 2023 年进行首飞。其较大的武器将装载在内部舱内，而较小的弹药将装载在机翼下的挂载点上。该类型在机身设计上是无尾的，但上面有两个倾斜的垂直稳定器。它们的机身两侧都有进气口。这种无人战斗机将采用人工智能和智能机队自主技术，使它们能够以忠诚僚机的伴飞模式支持有人驾驶飞机，也可独立飞行。

上图：航展上的拜卡公司的"红苹果"。

图书在版编目（CIP）数据

世界新型作战无人机/（英）亚历山大·史迪威著；
夏国祥译. —上海：上海三联书店，2024.6
ISBN 978-7-5426-8439-4

Ⅰ.①世… Ⅱ.①亚… ②夏… Ⅲ.①军用飞机—无
人机驾驶飞机—介绍—世界 Ⅳ.①E926.3

中国国家版本馆CIP数据核字（2024）第067467号

世界新型作战无人机

著　者 / ［英］亚历山大·史迪威
译　者 / 夏国祥

责任编辑 / 李　英
装帧设计 / 千橡文化
监　制 / 姚　军
责任校对 / 王凌霄

出版发行 / 上海三联书店
　　　　　（200030）中国上海市威海路 755 号 30 楼
邮购电话 / 021-22895540
印　刷 / 固安兰星球彩色印刷有限公司

版　次 / 2024 年 6 月第 1 版
印　次 / 2024 年 6 月第 1 次印刷
开　本 / 787×1092　1/16
字　数 / 320 千字
印　张 / 18.5
书　号 / ISBN 978-7-5426-8439-4/E·28
定　价 / 166.00 元

敬启读者，如发现本书有印装质量问题，请与印刷厂联系 0316-5925887